Astrid Herler

In Harmonie mit unseren Haus- und Weidetieren

Handling, Training und tiergestützte Interventionen durch einen achtsamen und respektvollen Umgang. Am Beispiel von Lamas und Alpakas.

Herausgeberin: Mag. Astrid Herler

Buchgestaltung: Michael Maritsch
Umschlaggestaltung: Buchschmiede

Druck und Vertrieb im Auftrag der Autorin:
Buchschmiede von Dataform Media GmbH, Wien
www.buchschmiede.at - Folge deinem Buchgefühl!

Besuche uns online

ISBN:
978-3-99165-436-0 (Paperback)
978-3-99165-434-6 (Hardcover)
978-3-99165-435-3 (E-Book)

PRINTED IN AUSTRIA

Das wahre Abenteuer besteht darin,
herauszufinden,
wie die Welt für Tiere ist.

Inhaltsverzeichnis

Kapitel 1 - Warum dieses Buch?

1. Folgende Fragen werden in diesem Ratgeber beantwortet 9
2. Warum trainieren wir unsere Tiere? 11
3. Mein Leben vor der Lama Lady 13
4. Wie alles begann bei der Lama Lady 15
5. Auf Augenhöhe und mit Respekt! 18

Kapitel 2 - Wissenswertes über die Biologie von Lamas und Alpakas

1. Evolution und Zucht 22
2. Lebensraum & körperliche Anpassungen 23
3. Unechte Wiederkäuer 24
4. Sozialverhalten von Lamas und Alpakas 25

Kapitel 3 - Tiergestütztes Arbeiten im Allgemeinen und speziell mit Lamas und Alpakas

1. Definitionen der tiergestützten Arbeit 32
2. Fragen, die es im Vorfeld zu klären gilt 33
3. Sicherheit für Mensch und Tier 34
4. Was können wir mithilfe von Lamas und Alpakas im tiergestützten Setting vermitteln? 35
5. Lama und Alpaka als Lehrende 36
6. Aktivitäten mit Lamas und Alpakas 39

Kapitel 4 - Das richtige Mindset als Grundlage für die Arbeit mit deinen Tieren

1. Durch unrealistische Erwartungen erzeugen wir Leid 42
2. Individuen - Das einzelne Lebewesen in seiner Besonderheit 45
3. Was haben Purpurprachtbarsche, Keas und Elefanten gemeinsam? 47
4. Wie wähle ich die richtigen Individuen aus? 50
5. Die Individualität ist ein Segen, kein Fluch! 51
6. Kognitive Fähigkeiten bei Tieren 51

7. Falsche Schlussfolgerungen aus dem Verhalten unserer Tiere / Vermenschlichung 54
8. Der Skorpion und der Frosch – die Urinstinkte unserer Tiere 60
9. Tiere erkennen menschliche Emotionen und reagieren darauf 61
10. Selbstreflexion – es geht nicht ohne sie! 65

Kapitel 5 – Bindung: der Schlüssel für den Umgang mit unseren Tieren

1. Warum sind meine Tiere so motiviert bei der Arbeit? 72
2. Wie Hormone unser Lernen und das unserer Tiere beeinflussen 74
3. Empathie – eine wichtige Grundlage 75
4. Bindungsaufbau, die Essenz der Beziehung zu meinen Tieren 76
5. Meine Bedürfnisse versus die Bedürfnisse meiner Tiere 81

Kapitel 6 - Training

1. Das erste Training mit Neuankömmlingen 85
2. Halfter-Training 87
3. Zehennägel schneiden 91
4. Wandertraining 92
5. Thema Schur 96
6. Thema Streicheln 97

Kapitel 7 - Gefahren und Probleme bei den Wanderungen

1. Fahrende Kraftfahrzeuge 100
2. Begegnungen mit Hunden 102
3. Fressen während der Wanderung 103
4. Giftpflanzen 103
5. Hinlegen während der Wanderung 104
6. Die richtige Reihenfolge in der Karawane 104
7. Stress bei Mensch und Tier 105

Kapitel 8 - Die Freuden der tiergestützten Arbeit 110

Quellenverzeichnis 116

Kapitel 1 - Warum dieses Buch?

Tierhaltung bedeutet Verantwortung. Das beinhaltet den angemessenen Umgang mit den Tieren, ihre artgerechte Versorgung sowie die finanzielle Verantwortung, um tierärztliche Behandlungen zu bezahlen. Oft kaufen Menschen immer mehr Tiere, ohne genug Zeit für jedes Individuum zu haben. Manche entwickeln auch Ängste bezüglich der richtigen Pflege und überlassen dann alles den Tierärztinnen und Tierärzten. Diese haben bei untrainierten Tieren aber auch keine Freude und meist zu wenig Zeit, um genügend auf diese eingehen zu können. Für die Tiere bedeutet dies ihr Leben lang unnötigen Stress. Damit es gar nicht erst so weit kommt, habe ich dieses Buch geschrieben. Es vermittelt einen respektvollen und vertrauensbildenden Umgang mit Tieren im Allgemeinen und Lamas und Alpakas im Besonderen. Dieser lässt sich auf fast jede Haustierart anwenden. Willst du zusätzlich tiergestützt arbeiten, d. h. Angebote für Menschen mit deinen Lamas und Alpakas anbieten, gibt dir dieses Buch außerdem wichtige Erkenntnisse mit auf den Weg.

1. Folgende Fragen werden in diesem Ratgeber beantwortet

- ☐ Welches Grundwissen über die Biologie und das Sozialverhalten dieser zwei Tierarten brauchst du, um sie gut zu halten und um zu erkennen, ob ihr überhaupt kompatibel seid?

- ☐ Was ist der Unterschied zwischen tiergestützten Interaktionen, tiergestützten Aktivitäten, tiergestützter Pädagogik und tiergestützter Therapie?

- ☐ Welche Hauptaufgabe hat eine Fachkraft für tiergestützte Aktivitäten?

- ☐ Welche Tiere eignen sich für deine geplante, tiergestützte Arbeit?

- ☐ Was können dich Lamas und Alpakas lehren?

- ☐ Welches Mindset brauchst du, um generell mit Tieren zu arbeiten?

- ☐ Wie realistisch sind deine Erwartungen an deine (Wunsch-) Tiere?
- ☐ Warum ist Individualität in der tiergestützten Arbeit ein Segen?
- ☐ Welche geistigen Fähigkeiten können wir den Tieren zusprechen?
- ☐ Welche psychologischen Hintergründe helfen dir im Umgang mit Tieren?
- ☐ Wann macht Vermenschlichung Sinn und wann schadet sie?
- ☐ Was genau ist mit Bindung gemeint?
- ☐ Welche Voraussetzungen braucht eine gute, vertrauensvolle Bindung?
- ☐ Welche Faktoren führen zu einem Lernerfolg und unterstützen die Motivation deiner Tiere?
- ☐ Wie sieht ein Fluchttier die Welt? Wie sehen Lamas und Alpakas ihre Welt?
- ☐ Wie sieht ein Training aus und was ist zu beachten?

Besonders wichtig ist mir hier klarzustellen, dass dieses Buch eine Unterstützung im Umgang mit und dem Handling von Tieren ist, es aber weder einen Halterkurs noch eine Ausbildung zur tiergestützten Fachkraft ersetzt.

Das würde den Rahmen und die Möglichkeiten eines Buches sprengen. Einige Inhalte sind nur praktisch mit und an den Tieren erlernbar. Ich rate dir dazu, mit Menschen in Kontakt zu treten, die über genug Erfahrung verfügen, ihre Tiere wertschätzen, deren Körpersprache lesen und dementsprechend handeln und reagieren können. Direkte Erfahrungen im Umgang mit Tieren – gleich welcher Art – kann man sich nicht anlesen, aber man kann mit der richtigen Grundeinstellung aufgrund dieses Buches an die Tiere herantreten. Dieses Buch ist zudem kein Fachbuch zu den Themen Haltung, Fütterung und Gesunderhaltung von Lamas und Alpakas. Auch diese Themen füllen eigene Bücher, die bereits am Markt sind.

2. Warum trainieren wir unsere Tiere?

Tiere, die in freier Wildbahn erkranken oder Verletzungen haben, werden eher daran verenden als unsere Haus- und Nutztiere. Würden wir unsere Tiere im Falle einer Erkrankung oder Verletzung sich selbst überlassen, wäre das reine Tierqual. Ich kenne keine Tierhalter*innen, die nicht alles für ihre Tiere machen, auch unter erheblichem Geld- und Zeitaufwand. Für jene Halter*innen, die ihre Tiere nur als Einnahmequelle sehen, gibt es das Tierschutzgesetz. Es verpflichtet die Halter*innen, die Tiere zu versorgen, zu pflegen, zu untersuchen und sie gegebenenfalls in Kooperation mit tierärztlichem Fachpersonal zu behandeln.
Tiere werden krank, daher ist es sinnvoll, vorausschauend jedem Tier beizubringen, sich in Ruhe behandeln zu lassen. Das verringert nicht nur deren Stress, sondern auch den der Besitzer*innen, der Tierärztinnen und -ärzte und der Scherer*innen. Fluchttiere schützen instinktiv alle Körperteile, die ihnen bei der Wahrnehmung von Gefahr und für die Flucht behilflich sind. Halten wir ihre Beine fest, fassen wir sie an den Ohren an, greifen wir in die Nähe ihrer Augen oder öffnen ihren Mund, macht ihnen das anfangs Angst. Allerdings müssen wir dies aus gutem Grund tun. Die Beine müssen wir hochheben, um z. B. ihre Zehennägel zu schneiden. Anhand der Farbe des Innenlides können wir den Gesundheitszustand des Tieres gut ablesen. Die Ohren müssen manchmal gereinigt werden und auch die Zähne gilt es regelmäßig zu kontrollieren.

Ein Alpaka, das anfangs Angst vorm Halfter hat, wird lernen, dass keinerlei Schmerzen oder Gefahren damit verbunden sind und dass ein Herausführen aus der Weide den Vorteil hat, in den Genuss von anderen Kräutern und Gräsern zu kommen. Es wird erfahren, dass seine Körpersprache auch respektiert wird, wenn es locker mittels Halfter und Führstrick mit dem Menschen verbunden ist. Ein Lama, welches eine Spritze als einen kurzen, kleinen Pieks erlebt, wird keine große Sache daraus machen. Ein festgehaltenes Tier, das Panik hat, wenn sich ein Mensch auch nur nähert, wird dagegen aufsteigen oder auch ausschlagen und kann sich selbst und den/die Halter*in verletzen. Diesen unnötigen Stress wollen wir unseren Schützlingen mit dem Training nehmen.

3. Mein Leben vor „der Lama Lady“

Während meiner Arbeit als Tourismus- und Managementassistentin, aber auch als Chefsekretärin in einer großen Anwaltskanzlei, saß ich hauptsächlich vor dem Computer, schaute gelegentlich aus dem Fenster und wünschte mir, draußen zu sein. Alle paar Jahre kündigte ich eine Stelle und ging auf Reisen nach Süd- und Südostasien, meist allein als Rucksacktouristin. Doch aus Geldgründen kam ich jedes Mal wieder zurück. Eines Tages beschloss ich, eine Tauchausbildung am Sinai zu absolvieren. Die schwerelose Bewegung unter Wasser, das Rote Meer und die Faszination für Meeresbewohner wie die Symbiose der Wächtergrundeln mit Krebsen lösten etwas in mir aus, das ich lange Zeit nicht gespürt hatte - eine tiefe Verbindung zur Natur. Ich wusste, dass ich der „Bürowelt“ den Rücken zukehren musste, wenn ich ein glückliches Leben führen wollte. Die Geschichten von Konrad Lorenz und seinen Gänsen sowie die mich umgebende Natur auf dem Land prägten meine Kindheit. Das alles führte dazu, dass ich 2003 beschloss, Biologie mit Schwerpunkt Zoologie und Verhaltensforschung zu studieren. Ich machte unter anderem ein Praktikum beim Red Sea Environmental Center in Dahab, Ägypten. Weiters arbeitete ich neben dem Studium im Tiergarten Schönbrunn und kommentierte die Fütterungen. Mich begeisterte die Wissenschaft, aber ich wusste, dass dies nicht mein beruflicher Weg war. So entschloss ich mich zu einer Ausbildung zur Fachkraft für tiergestützte Interventionen und Fördermaßnahmen. Ich wusste noch nicht genau, mit welchen Tieren ich arbeiten wollte, aber für mich stand fest, dass Tiere und die Natur einen wichtigen Teil meines Lebens ausmachen sollten.

4. Wie alles begann bei der Lama Lady

Drei Tage bevor meine ersten Lamas und Alpakas zu mir gebracht wurden, saß ich auf dem höchsten Punkt meiner gepachteten, sehr steilen Weide. Über mir kreisten zwei Mäusebussarde, in dessen Revier diese Wiese lag, und stießen gelegentlich ihre Schreie aus. Ich genoss den schönen Ausblick auf die umgebende Naturlandschaft aus Wiesen und Wald. Die letzten Monate waren mein Mann und ich nicht nur damit beschäftigt ein Naturhaus aus Holz, Stroh und Lehm zu bauen und unseren dreijährigen Sohn aufzuziehen. Wir hatten auch die steile Weide hergerichtet, Zäune aufgestellt und einen mobilen Stall gebaut. Ich schwankte zwischen Freude und völliger Erschöpfung. Während ich erleichtert war, rechtzeitig fertig geworden zu sein, bevor die Tiere von den Züchter*innen gebracht wurden, packte mich plötzlich die Angst. Aber warum eigentlich?

Während der Ausbildung zur Fachkraft für tiergestützte Interventionen verliebte ich mich in Lamas. Von nun an wollte ich unbedingt eigene Lamas und Alpakas haben. Daher erstellte ich einen Geschäftsplan, um sowohl die Bank als auch meinen Mann von diesem Vorhaben zu überzeugen. Tatsächlich erhielt ich einen Jungunternehmerkredit. Nach einigen Schwierigkeiten fand ich eine geeignete Weide zur Pacht, informierte mich über die geeignetsten Zaunsysteme und kaufte einen mobilen Stall. Ich war in den letzten neun Monaten so mit Hausbau und der Verwirklichung meines Vorhabens beschäftigt, dass ich gar keine Zeit hatte, Zweifel aufkommen zu lassen. Aber drei Tage bevor mein Wunsch wahr werden sollte und ich schon alles vorbereitet hatte, ergriff mich diese Angst. Hatte ich mir zu viel zugemutet? Würde ich dieser Verantwortung gerecht werden? Kann ich mit diesen doch so unbekannten Tieren überhaupt umgehen? Außerdem hatte ich keinerlei Erfahrung mit Weidemanagement, obgleich ich mir viel theoretisches Wissen über die Haltung der Tiere angeeignet hatte. Ich hatte die Ausbildung zur tiergestützten Fachkraft erfolgreich absolviert, einen Halterkurs beim langjährigen Lama-Züchter Gerhard Rappersberger gemacht, viele Züchter besucht und bereits einige Wanderungen mit Lamas unternommen. Aber jetzt in diesem Moment wunderte ich mich über meinen Ehrgeiz oder Wahnsinn, meinen ungewöhnlichen Herzenswunsch zu erfüllen

und fragte mich, ob das mutig war oder einfach nur verrückt.
Ein paar Tage später war es endlich so weit: Zwei Alpakas Rico und Diego zogen ein. Da sie von unterschiedlichen Züchter*innen kamen, wollte ich ihnen zuerst die Möglichkeit geben, sich und ihr neues Zuhause kennenzulernen, bevor die drei großen „Brüder“ hinzukamen. Rico und Diego schienen sich sofort zu mögen.

Drei Tage später zogen ein Lamawallach und zwei Lamahengste ein, die bereits seit geraumer Zeit bei einem Lama-Züchter auf einer gemeinsamen Weide standen. Sie hatten zuvor noch nie Alpakas gesehen und diese Wesen waren ihnen eindeutig nicht geheuer. Sobald sich Rico ihnen neugierig und freundlich näherte, liefen sie davon. Ja, Lamas können ziemlich entsetzt schauen. Das war lustig zu beobachten, vor allem weil Lamas ja wesentlich größer sind als Alpakas. Jeden Tag halbierte sich der anfängliche Respektabstand von etwa 20 Metern. Es dauerte also vier Tage, bis die Lamas die kleinen wuscheligen Alpakas in ihre unmittelbare Nähe ließen.

Eineinhalb Wochen später saß ich an derselben Stelle auf der Weide. Die Angst war verflogen, mein Herz war überfüllt mit Freude und Frieden, während ich in Ruhe meine eigenen Tiere beobachtete. Ich war einfach wunschlos glücklich. Es stellte sich schnell heraus, dass Lamawallach Henry der Ranghöchste der Bande wurde. Er war drei Jahre alt und bekam nach kurzer Zeit von mir den Titel „Sir“. Er war schön, elegant, klar, selbstsicher und freundlich. Ein leuchtendes Vorbild eines Lamachefs. Jedes meiner Tiere lehrte und lehrt mich sehr viel, denn es kamen natürlich jede Menge Herausforderungen auf mich zu. Sir Henry zeigte mir, dass der erste im Rang diese Aufgabe auf sehr soziale und ruhige Weise ausführen kann. Während das zweite Tier in der Hierarchie gerne andere bei jeder Gelegenheit, aber besonders beim Fressen vertrieb, ging Henry erst zur Raufe, wenn es dort genug Platz gab, und hielt Abstand zu den anderen. Versuchte allerdings ein Tier ihn von dort zu vertreiben, musste er nur die Nase in die Luft heben, die Ohren am Hals anlegen und der andere wich wieder aus. Sir Henry strahlte Selbstsicherheit und Ruhe aus. Er war kein Halbstarker, der sich wichtigmachen musste. Er lebte Führungskompetenz durch und durch. War eine Gefahr am Zaun, wie z. B. ein Hund, stand er an vorderster Front, die anderen formierten sich hinter ihm. Durch seine souveräne Art beruhigte er die anderen Mitglieder der Herde.
Als ich ein Jahr später ein blauäugiges, gehörloses, zehn Monate altes Alpaka

namens Pato bekam, war dieses das Einzige, das es schaffte Sir Henry doch von der Heuraufe zu vertreiben. Für mich schien es, als ob Sir Henry für dieses Tier mehr Verständnis hatte, denn er nahm natürlich wahr, dass Pato auf Geräusche nicht reagierte.

Tief in meinem Herzen wünschte ich diese Ruhe und Souveränität, die ich bei Sir Henry erlebte, in mir zu finden. Das sollte mir den Umgang mit meinen Tieren erleichtern. Herausforderungen mit unseren tierischen Freunden werden immer auftauchen. Die Tiere können uns nicht verbal mitteilen, wo genau das Problem liegt. Daher ist es wichtig, mit umfangreichem Wissen, Empathie, ganz viel Geduld und so wenig festgefahrenen Vorstellungen wie möglich in eine schöne Mensch-Tier-Beziehung zu starten und diese tagtäglich beizubehalten.

5. Auf Augenhöhe und mit Respekt!

Warum ist es meiner Meinung nach wichtig, auf Augenhöhe und auf respektvolle Weise mit Tieren umzugehen?

Allein schon aus rein praktischen Überlegungen musste ich mir das Vertrauen der Tiere erarbeiten. Ein Lama kann bis zu 200 kg wiegen und entwickelt eine unglaubliche Stärke, wenn es sich verteidigen muss. Wenn das Tier das Gefühl bekommt, sich wehren zu müssen, ziehe ich mit meinem Gewicht von 60 kg und meiner körperlichen Stärke auf jeden Fall den Kürzeren. Selbst wenn eine kräftige Person es schafft, das Tier zu bändigen, hat sie durch Ausübung von Zwang die Beziehung zum Tier negativ beeinflusst. Wenn du deine Tiere rein zur Weideerhaltung besitzt und sonst wenig Kontakt hast, wirst du sie dennoch pflegen müssen und es macht wesentlich mehr Spaß trainierten Tieren die Zehennägel zu schneiden als Tieren, die in Panik geraten, sobald sich deine Hand nähert. Willst du tiergestützt mit ihnen arbeiten, ist der respektvolle und wertschätzende Umgang mit den eigenen Tieren die absolute Basis für eine erfolgreiche Arbeit.

Alpakas haben im Gegensatz zu Lamas das Pech, aufgrund ihrer geringeren Körpergröße und ihres geringeren Körpergewichts leichter festgehalten zu werden. Wie das Leben so spielt, wirst du aber vermutlich eines Tages auf ein Tier stoßen, das dich durch dessen Widerspenstigkeit eines Besseren belehrt. Es kann im besten Fall zu blauen Flecken führen, ein ängstliches Tier festhalten zu wollen. Druck und Unterdrückung kann im Umgang mit Tieren nicht die Lösung sein. Egal, ob man sie züchtet, mit ihnen tiergestützt arbeitet oder sie rein zur Weideerhaltung hält.
Der Hauptgrund für den achtsamen Umgang mit meinen Tieren war mein Wunsch, ihre Sprache zu verstehen und mit ihnen auf eine Weise zu kommunizieren, die fern der unseren ist. Ich suchte und fand eine gemeinsame Ebene, auf der wir miteinander kooperieren können. Weiterhin wollte ich ihnen einen sicheren Ort bieten, in dem wir uns wertschätzend genießen können.

Kapitel 2 - Wissenswertes über die Biologie von Lamas und Alpakas

1. Evolution und Zucht

Für alle, die dieses Buch aus Neugier lesen, aber (noch) keine eigenen Lamas und Alpakas haben, sind die folgenden Informationen fürs Erste ausreichend und geben einen guten Einblick in das Leben dieser wunderbaren Wesen. Jene Leser*innen, die mit anderen Flucht-, Nutz- oder Haustieren arbeiten, rate ich, das Unterkapitel 4 - ab Seite 25 zu lesen. Das kann bezüglich Rangordnung und Körpersprache sehr aufschlussreich sein. Wer eigene Lamas und Alpakas kauft, wird sich, wie bereits erwähnt, intensiver fortbilden müssen, um ihnen ein gutes Leben zu gewährleisten.

Diese Tiere leben nicht erst seit Kurzem mit uns zusammen. In Hinblick auf ihre Evolution ist es allerdings nur ein Wimpernschlag.

Ein 3,5 Millionen alter Knochenfund belegt, dass Urkamele im heutigen Gebiet der Arktis entstanden sind, hasengroß waren und vier Zehen hatten [1]. Ungefähr eine halbe Million Jahre später wanderte ein Teil der Kamele über die Beringstraße nach Asien und entwickelte sich zu den heutigen Dromedaren und Trampeltieren (ein- und zweihöckrige Kamele), den sogenannten Altweltkameliden in Asien und Afrika. Vor etwa zwei Millionen Jahren wanderten andere Kamele von der Arktis nach Südamerika aus und dies führte zu den heutigen Wildformen der Neuweltkameliden, den Guanakos und Vikunjas. Vor etwa 7000 Jahren begann der Mensch Nutztiere aus Guanakos zu züchten, um sie u. a. für den Warentransport einzusetzen. Daraus entstanden die Lamas. Man achtete bei der Zucht auf kräftige, robuste und natürlich auch kooperative Tiere. Sie brachten das Salz vom Meer und das Eis vom Gletscher in die Siedlungsgebiete, transportierten Mais und Kartoffeln von den Anbaugebieten in die Dörfer. Ein Lama trug etwa 20 bis 25 kg, je nach eigenem Körpergewicht. So war es den Inkas möglich, verschiedene ökologische Zonen zu erschließen. Lamas wurden bereits seit Jahrtausenden mit Augenmerk auf den Mensch-Tier-Kontakt gezüchtet. Daher kommt vermutlich ihre gute Eignung für die tiergestützte Arbeit und Therapie. Die Menschen nutzen auch ihr Fleisch, ihre Wolle und ihren brennbaren, trockenen Kot.

Alpakas züchtete man später aus Vikunjas, um ihre Wolle zu verwerten. Hier achtete man vor allem auf Gesundheit und Wollqualität, aber auch das Fleisch wurde und wird noch immer gegessen. Alle vier Arten werden als Neuweltkameliden bezeichnet. Die Vikunjas und Alpakas gehören zur Gattung *Vicugna*, die Lamas und Guanakos zur Gattung *Lama*.
Lamas und Alpakas unterscheiden sich durch einige körperliche Merkmale: Lamas sind größer und haben bananenförmig gebogene Ohren. Mit Ausnahme der Wooly-Lamas wachsen die Haare am Kopf nicht weiter. Alpakas hingegen haben gerade Ohren, eine feinere Wolle und die Haare wachsen auch zwischen den Ohren, was zu den bekannten lustigen Frisuren führt.

2. Lebensraum & körperliche Anpassungen

In den Anden kommen Guanakos vom Meeresniveau bis circa 4000 Meter Höhe vor, Vikunjas findet man vor allem oberhalb von 4000 Metern Höhe. Sie müssen tagsüber Temperaturen von bis zu 30 Grad Celsius wie auch nächtliche Temperaturen von unter -20 Grad Celsius gut aushalten können. Aufgrund ihrer dichten Wolle sind sie perfekt für diesen Lebensraum ausgerüstet. Dank der einzigartigen ovalen, roten Blutkörperchen kommen Neuweltkameliden in diesen Höhen leichter mit dem geringem Sauerstoffgehalt zurecht. Altweltkameliden nutzen diese ovalen Erythrozyten, um eine Wasservergiftung zu verhindern. Die roten Blutkörperchen können bis zur 200-fachen Größe anschwellen, wenn Dromedare und Trampeltiere in 15 Minuten 200 Liter Wasser trinken. Jede andere Tierart würde das nicht überleben. In den Höckern wird übrigens Fett, nicht Wasser gespeichert. Neuweltkameliden finden in ihrem natürlichen Lebensraum Büsche, Bäume oder Felsvorsprünge zum Schutz vor dem Wetter. Bei uns brauchen sie einen wind- und wetterfesten Unterstand. Während Kälte ihnen wenig ausmacht, bewegen sie sich in der heißen Zeit wenig. Sie liegen aber durchaus gerne gelegentlich in der prallen Sonne. Regen meiden sie. Neuweltkameliden können schnell laufen, hochspringen und während des Sprungs ihren Körper wenden. Das kommt ihnen besonders zugute, wenn sie vor ihrem natürlichen Feind, dem Puma, zu flüchten versuchen.

3. Unechte Wiederkäuer

Der Magen-Darm-Trakt ist ebenfalls auf die Umgebung, in der sie sich entwickelt haben, ausgerichtet. In den Anden haben sich Lamas und Alpakas an ein karges Nahrungsangebot angepasst. Brot steht ihnen selbstverständlich in der Natur nicht zur Verfügung und auch Obst hat zu viel Zuckergehalt und sollte gar nicht verfüttert werden. Halter*innen müssen ihnen daher ganzjährig Heu zur Verfügung stellen, damit der Magen-Darm-Trakt gut funktioniert. Zu viel frisches Gras kann im Frühjahr zu gefährlichen Koliken führen, daher muss man sie langsam daran gewöhnen. Obwohl sie mehrere Mägen haben und wiederkäuen, zählen sie nicht zur Unterordnung der Wiederkäuer. Wiederkäuer (wie Hirsche, Schafe, Rinder oder Ziegen) und Kameliden sind zwei verschiedene Unterordnungen der Paarhufer. Evolutionär gesehen hat sich das Wiederkäuen bei den Kameliden parallel zu dem unserer Schafe und Ziegen entwickelt. Bis auf eine Gruppe (Hirschferkel) haben die uns bekannten Wiederkäuer einen vierteiligen Magen, während alle Kameliden einschließlich der Lamas und Alpakas einen dreiteiligen Magen haben. Daher zählt man sie zu den Unechten Wiederkäuern.

Lamas und Alpakas sind keine Tiere, auf denen man reiten darf. Adulte Lamas wiegen zwischen 120 und 220 kg und stehen auf sehr dünnen Beinen. Alpakas haben ein mittleres Gewicht von ungefähr 65 kg. Lamas wurden und werden als Lastentiere eingesetzt. Lastet aber zu viel Gewicht auf ihrem Rücken, dehnen sich die Bänder der Fesselgelenke, sodass sie nicht mehr nur auf den Zehen, sondern auf Zehen und Gelenk stehen. Dies bezeichnet man als durchtrittig und ist sehr schmerzvoll für die Tiere.

4. Sozialverhalten von Lamas und Alpakas

Willst du Lamas und Alpakas halten, ist das Wissen über deren Sozialverhalten eine grundlegende Voraussetzung. Das gilt natürlich für jede Tierart. Das soziale Verhalten von Lamas und Alpakas ist einzigartig und spannend. Sie werden von Fachleuten als Distanztiere bezeichnet, denn obwohl sie Herdentiere sind, möchten sie keinen direkten Körperkontakt zu anderen Artgenossen. Kommt ein anderes Tier zu nahe, wird ihm mittels Körpersprache gedroht. Kommt es dennoch näher, wird es angespuckt. Die Spucke enthält vorverdauten Mageninhalt. Sie tut nicht weh, ätzt auch nicht, aber riecht sehr unangenehm. Beim Drohen legen Lamas und Alpakas ihre Ohren ganz an den Hals an und strecken die Nase hoch in die Luft. Reagiert der Mensch oder das andere Tier durch Rückzug oder durch keine weitere Annäherung, senkt sich der Kopf wieder und es wird nicht gespuckt.

Männliche unterlegene Lamas gluckern auch gelegentlich, wenn sich ein ranghöheres Männchen nähert. Zusätzlich haben sie Warnrufe. Stress zeigen sie unter anderem, in dem sie das untere Augenlid nach unten hängen lassen, wodurch die rosa Schleimhaut sichtbar wird und eine Falte entsteht. Das Liebkosen oder die soziale Körperpflege wie wir das bei Affen, Pferden, aber auch z. B. bei Kühen beobachten können, gibt es bei Neuweltkameliden nicht. Da unsere nächsten tierischen Verwandten, also Gorillas, Orang-Utans und

Schimpansen, sich gegenseitig berühren, liebkosen und entlausen, und uns das schon lange in den Genen liegt, fällt manchen Menschen das Distanzverhalten der Lamas schwer. Viele Menschen möchten Tiere sofort berühren, wenn sie sie sehen. Es wird oft gar nicht hinterfragt, ob die Tiere auch von fremden Menschen gestreichelt werden wollen. Körperkontakt findet bei Alpakas und Lamas zwischen Müttern und ihren Jungtieren statt, abgeschleckt werden die Jungen allerdings nicht. Die meisten kommen in den frühen Morgenstunden zur Welt, damit die Sonne sie trocknet. Weiterer Körperkontakt findet bei der Paarung sowie bei Kämpfen, aber auch beim Spielen der Jungtiere statt, die damit unter anderem das Kämpfen spielerisch üben. Berührt zu werden, ist also unnatürlich für Neuweltkameliden. Als Fluchttiere wollen sie nicht direkt von uns festgehalten und natürlich auch nicht in die Mangel genommen werden. Wer mag das schon? Gewöhnt man sie an Halfter und Führstrick können sie ganz entspannt neben uns stehen, ohne dass wir sie berühren müssen. Trainiert man sie weiter, lassen sie sich auch problemlos für Pflegemaßnahmen berühren. Manche Individuen akzeptieren oder mögen das Streicheln gelegentlich sogar.

Die Zeit, in der ein Lama oder Alpaka irreversibel geprägt wird, findet in den ersten zehn Lebensmonaten statt. Wer in dieser Zeit versucht, durch intensiven Körperkontakt und Nähe das Tier auf den Menschen zu prägen und damit ein Kuscheltier aus ihm zu machen, muss mit massiven Problemen rechnen, sobald beim Tier die Pubertät eintritt. Es kommt zu einer Fehlprägung. Das Tier hält Menschen für Artgenossen bzw. für Herdenmitglieder. In der Pubertät, wenn die Hormone verrückt spielen, wird es seine Kräfte an uns messen und mit uns zu kämpfen beginnen oder uns oft anspucken. Das ist ein völlig normales Sozialverhalten unter Lamas und Alpakas, die in einer klaren Rangordnung leben. Die anderen Herdenmitglieder können sich gegen so ein Verhalten wehren. Hengste und Wallache werden auch versuchen uns zu besteigen. Man nennt dies Berserk-Male-Syndrom, obwohl der Name irreführend ist, da es auch Stuten betreffen kann. Es gibt im Internet einige Videos von Menschen, die von solchen Alpakas oder Lamas attackiert werden. Für die Besitzer*innen wird es gefährlich in das Gehege zu gehen, weil diese Tiere sie völlig unvermittelt anspringen können, während die Menschen z. B. gerade damit beschäftigt sind, das Wasser nachzufüllen oder den Kot wegzuräumen. Manche Tiere attackieren eine bestimmte Person, andere greifen jeden Menschen an. Besonders anfällig für diese Verhaltensweise sind Tiere, die man ohne weitere Kenntnisse mit der Flasche aufziehen muss. Erfahrene Züchter*innen können gute Ratschläge und Tipps geben, wie dieses Syndrom dennoch vermeidbar ist. Ich kann mir vorstellen, dass es vermutlich eine der schwierigsten Aufgaben einer Züchterin, eines Züchters ist, diese unglaublich süßen, interessierten und neugierigen Jungtiere unter einem Lebensjahr bei zu aufdringlichem Verhalten ihrerseits immer wieder wegzuschicken und zu ignorieren. Es wurde zwar schon öfter versucht, aber das Berserk-Male-Syndrom ist leider bisher unheilbar. Was immer in der Prägungszeit gelernt wird, ist fix im Gehirn verankert. Die Festplatte ist sozusagen bereits bespielt. Da greift auch kein nachträgliches Training mehr. Lamas und Alpakas, die einen unangenehm bedrängen, sollte man meiden bzw. die Weide verlassen, bevor wer zu Schaden kommt - auch und gerade wenn die Besitzer*innen hier keinerlei Einsicht zeigen. Bei Tierhalter*innen, die Lama- und Alpaka-Jungtier-Kuscheln anbieten oder auf Instagram Videos von Alpaka-Jungtieren in Wohnungen posten, die allein ohne Artgenossen gehalten werden, nur um viele „gefällt mir"-Klicks zu generieren, mache bitte einen Bogen! Unterstütze diese weder mit „Likes" noch mit Abos. Ein fehlgeprägtes Lama oder Alpaka muss meistens früh eingeschläfert werden. All das nur, um sich den Wunsch nach einem Kuscheltier zu verwirklichen. Lamas und Alpakas sind ein-

fach keine Kuscheltiere. Es ist auch nicht ihre Aufgabe, derartige Bedürfnisse zu befriedigen. Was dem Ganzen noch die Krone aufsetzt: Es gibt tatsächlich Halter*innen, die Tiere fehlgeprägt haben, nicht mehr mit ihnen zurechtkommen und dann versuchen, die Tiere an unerfahrene Leute als besonders zutraulich zu verkaufen. Eine gefährliche und unverantwortliche Angelegenheit, die erfahrene Halter*innen sprachlos macht.

Gut sozialisierte Lamas und Alpakas sind neugierige und freundliche Tiere, die ich gerne als sehr höfliche Tiere beschreibe, denn sie werden immer einen Abstand zum Menschen einhalten und uns nicht als Artgenossen ansehen. Wir sind somit nicht Teil ihrer Rangordnung und müssen nicht um einen Platz in der Herde kämpfen. Ich kenne kein Beispiel aus dem Tierreich, in dem es die Regel ist, dass eine Art eine andere Art dominiert. Als Biologin macht daher die Vorstellung, dass wir Menschen in der Hierarchie einer Tierart eine sogenannte Alpharolle einnehmen können, keinen Sinn. Ja, wir können Tiere unterdrücken, indem wir ihnen Angst machen. Manche werden sich gefügig machen, andere nicht. Schön ist es auf keinen Fall für das Tier.

Es gibt durchaus gut sozialisierte Tiere, die sich gelegentlich sehr gerne streicheln lassen, wie z. B. mein Lama Salvatore. Ich habe außerdem gut sozialisierte Lamastuten gesehen, die ihre Nase wirklich viel zu nahe in menschliche Gesichter steckten, aber das war es dann auch schon. Sobald die Tiere einen aber rempeln oder gar bespringen wollen, ist Gefahr im Verzug. Mein rangniedrigstes Lama, Ferdinand, war am glücklichsten, wenn ihn vier Kinder gleichzeitig gebürstet oder gestreichelt haben. Da hat er sogar zum Fressen aufgehört und die Augen auf Halbmast gesetzt, um es richtig zu genießen. Manche Tiere akzeptieren das Streicheln in gewissen Situationen, wie mein Alpaka Diego, zum Beispiel bei Fresspausen während der Wanderung. Andere wiederum blicken den Menschen an, als ob er völlig von Sinnen ist, wenn dieser versucht, sie zu streicheln, wie meine großartige Lamastute Caral. Sie geht brav bei Schulklassen mit, kann gut mit vielen Kindern um sie herum umgehen, aber berührt werden will sie nicht. In den Pausen dürfen diese Kinder ein anderes Lama oder Alpaka streicheln. Interessanterweise beobachte ich oft, dass diese Schüler*innen bei den nächsten Pausen bei Caral bleiben, statt wieder ein anderes Tier zu streicheln. Die Auseinandersetzung mit dem Tier wird wichtiger als das Berühren.

Kapitel 3 - Tiergestütztes Arbeiten im Allgemeinen und speziell mit Lamas und Alpakas

1. Definitionen der tiergestützten Arbeit

Bevor du tiergestützt zu arbeiten beginnst, solltest du die genauen Definitionen der verschiedenen Richtungen kennen. Nur so weißt du, was du anbieten kannst und wie du dein Angebot nennen darfst. Im IAHAIO Weissbuch 2014 (International Association of Human-Animal Interaction Organizations) haben sich Experten auf international anerkannte Definitionen zur Tiergestützten Therapie (TgT), Tiergestützten Pädagogik (TgP). Tiergestützten Aktivitäten (TgA) und Tiergestützten Interventionen (TGI) geeinigt.
„Tiergestützte Therapie ist eine zielgerichtete, geplante und strukturierte therapeutische Arbeit, die von professionell im Gesundheitswesen, der Pädagogik oder der Sozialen Arbeit ausgebildeten Personen angeleitet oder durchgeführt wird. Die Tiergestützte Pädagogik ist eine zielgerichtete, geplante und strukturierte Intervention, die von professionellen Pädagogen, Sonderpädagogen oder gleich qualifizierten Personen angeleitet und/oder durchgeführt wird. Tiergestützte Aktivitäten sind geplante und zielorientierte informelle Interaktionen/Besuche, die von Mensch-Tier-Teams mit motivationalen, erzieherischen/bildenden oder entspannungs- und erholungsfördernden Zielsetzungen durchgeführt werden. Eine tiergestützte Intervention ist eine zielgerichtete und strukturierte Intervention, die bewusst Tiere in Gesundheitsfürsorge, Pädagogik und Sozialer Arbeit einbezieht und integriert, um therapeutische Verbesserungen bei Menschen zu erreichen."
Um es kurz zusammenzufassen, möchtest du tiergestützte Therapie anbieten, musst du eine anerkannte fundierte, therapeutische Ausbildung haben. Nicht das Tier ist der Therapeut, du bist es. Möchtest du dein Angebot Tiergestützte Pädagogik nennen, musst du eine ausgebildete pädagogische Fachkraft sein. Bietest du Tiergestützte Aktivitäten an, brauchst du keine der vorher genannten Ausbildungen. In allen drei Fällen ist es jedoch wichtig, dass du eine tiergestützte Ausbildung hast. Zu den Tiergestützte Interventionen gehören Teams von Mensch und Tier, die Tiergestützte Therapie, Tiergestützte Pädagogik und teilweise auch Tiergestützte Aktivitäten anbieten, sofern bei Letzteren therapeutische Verbesserungen erreicht werden sollen.

2. Fragen, die es im Vorfeld zu klären gilt

Bevor du dir Tiere für deine tiergestützten Interventionen zulegst, gibt es vieles im Vorfeld zu be- und überdenken! Das beginnt mit folgenden Fragen:

- ☐ Welche tiergestützten Aktivitäten gibt es?
- ☐ Welche möchtest du gerne durchführen?
- ☐ Hast du den Platz und die Ressourcen, diesen Tieren ein artgerechtes Leben zu ermöglichen?
- ☐ Mit welcher Haus- oder Nutztierart willst du arbeiten?
- ☐ Ist diese Tierart für deine Arbeit überhaupt geeignet?

Wenn du einen Streichelzoo eröffnen willst, sind Lamas und Alpakas völlig ungeeignet, ebenso wenn du möchtest, dass sich Kinder oder Erwachsene auf ein Tier setzen. Beides kannst du nur mit anderen Tierarten anbieten. Andererseits ist es wichtig, eine tiergestützte Tätigkeit zu finden und umzusetzen, die auch den Tieren Spaß macht, bei denen sie mitbestimmen dürfen und bei der sie sich auch zurückziehen können, wenn sie einmal nicht teilnehmen wollen. Häufig kommt es vor, dass nur auf die Wünsche der zahlenden Kundschaft eingegangen wird, während die Wünsche und Bedürfnisse der Tiere ignoriert werden. Angebote wie „zehn Minuten im Kreis reiten und zwei Minuten streicheln", die nur darauf abzielen, möglichst viele Menschen abzufertigen, gehören meiner Meinung nach nicht zu einer guten tiergestützten Arbeit, bei der Mensch und Tier wertgeschätzt werden. Ich frage mich, wie viele Tiere, die den ganzen Tag im Kreis laufen und immer neue Kinder auf den Rücken gesetzt bekommen, Freude daran haben. Ebenso stelle ich mir die Frage, wie glücklich ein Tier ist, das von zahlreichen Menschen gleichzeitig umringt und an allen Körperteilen berührt wird, während es vom Besitzer festgehalten wird. Natürlich gibt es Individuen, die sich grundsätzlich gerne streicheln lassen, egal ob Esel, Pferd, Ziege oder Schaf, aber auch jedes Individuum dieser Tierarten hat seine Grenzen, und die müssen gewahrt werden. Weder Mensch noch Tier haben bei der eben beschriebenen Aktivität eine besondere Begegnung. Oftmals stellen sich Menschen diese Fragen jedoch nicht, insbesondere wenn sie ihren Kindern etwas ermöglichen wollen, das gerade vor Ort, im Urlaub, auf einem Markt usw. angeboten wird. Es wird, ohne zu hinterfragen, erwartet, dass die Tiere die Wünsche der Menschen unmittelbar erfüllen. Nämlich genau dann, wenn man an der Reihe ist. Ich finde das übergriffig und wünsche mir hier ein anderes

Bewusstsein im Umgang mit Tieren.
Du kannst zahlreiche Angebote mit verschiedenen Tierarten erstellen, die sowohl die Grenzen der Menschen als auch der Tiere wahren, gleichzeitig Herzen erfüllen und bei denen alle Beteiligten Spaß haben und Qualität erleben. Dazu zählen auch Angebote, in denen Tiere gestreichelt und geritten werden. Insofern plädiere ich dazu, eine gute Ausbildung für tiergestützte Aktivitäten zu absolvieren, bevor mit Menschen und Tieren gearbeitet wird. Es reicht nicht, Tiere zu besitzen. Mach dir auch vorab ein Bild von den Vortragenden und besuche z. B. ihre Angebote. Die meisten Teilnehmer*innen verlassen die Ausbildungen der „Akademie Tiergestützt" in Niederösterreich mit den Worten, sie wussten gar nicht, wie viel es zu beachten und zu bedenken gibt. Sie gehen mit einem großen Werkzeugkasten an Wissen, Ideen und Wertschätzungen nach Hause. Und das größte Geschenk für uns alle sind einfühlsame Tierhalter*innen, die Mensch und Tier Freude bereiten.

3. Sicherheit für Mensch und Tier

Als Fachkraft für tiergestützte Aktivitäten ist es eine meiner Hauptaufgaben, einen sicheren Rahmen zu schaffen, in dem sich meine Kundschaft und Tiere treffen und wohlfühlen.
Dazu ist es wichtig, sowohl menschliche als auch tierische Emotionen wahrzunehmen. Jeder Mensch und jedes Tier hat seine eigenen Grenzen, je nach Charakter und je nachdem, was er/es in der Vergangenheit erfahren hat. Das gilt besonders, wenn man mit Kindern oder Menschen mit besonderen Bedürfnissen arbeitet, die sich gar nicht oder nur schlecht verbal ausdrücken können. Nicht jeder mag ein Kaninchen am Schoß halten, nicht jeder mag von einem Hund abgeschleckt und angesprungen werden (selbst wenn er ein „Er tut nichts"-Hund ist) und nicht jeder möchte den Atem eines neugierigen Lamas im Gesicht spüren.
In der tiergestützten Arbeit ist es oberstes Gebot, die Grenzen anderer zu wahren, ob es nun Zwei- oder Vierbeiner sind. Niemals darf jemand, egal ob Mensch oder Tier, zu einer Interaktion gezwungen werden.
Bei Menschen können natürlich auch bewusste Herausforderungen im tiergestützten Setting hergestellt werden, die eine Lernerfahrung ermöglichen. Aber auch diese müssen sich im sicheren Rahmen bewegen. Trotzdem können unangenehme Situationen unerwartet entstehen, ganz gleich, wie gut man vorbe-

reitet ist. Entscheidend ist dann, dass sich sowohl Mensch als auch Tier in dem Moment sicher dabei fühlen, dass du sie aus dieser Lage herausholst.
Bei den Lama- und Alpakawanderungen entsteht immer wieder folgende Situation: Ein Elternteil geht neben dem eigenen Kind her, welches ein Tier führt, gibt dem Kind ständig Anweisungen und greift häufig in den Führstrick, womit die Wanderung für alle drei unentspannt wird. Das Kind übergibt in der Folge die Verantwortung für die richtige Handhabung dem Elternteil, was die meisten meiner Tiere verunsichert. Die Tiere müssen sich jetzt auf zwei Personen einstellen, die sich nicht abwechseln, sondern bei der eine Person unvorhergesehen eingreift. Hierbei finde ich das Gefahrenpotenzial am größten, weil sich das Kind nicht auf das Tier, sondern eher auf den Menschen konzentriert. Unbewusst vermittelt der fürsorgliche Elternteil dem Kind, dass es ihm die Auseinandersetzung mit dem Tier nicht zutraut, dass das Kind dies allein nicht schaffen kann. In solchen Fällen sage ich dem Erwachsenen, dass ich dem Kind helfen werde. Dafür gehe ich anfangs neben dem Kind her, um es in seiner Kompetenz zu bestärken. Nach fünf Minuten kann ich das Kind meist allein weitergehen lassen. Bisher waren mir alle Eltern in solchen Situationen dankbar. Sie meinen es ja gut, aber ihr Verhalten hilft in diesem Kontext leider gar nicht, es erschwert die Situation. Veranstalte ich Kindergeburtstage, dürfen deswegen nur zwei Erwachsene, das sind meist die Eltern des Geburtstagskindes, mitgehen. Das funktioniert prima, weil die Wanderung ohne besorgte Eltern wesentlich ruhiger abläuft. Als Mutter verstehe ich sehr gut, warum man hier helfen will. Als tiergestützte Fachkraft sehe ich es aber in erster Linie als meine Aufgabe, dem Kind zu zeigen, dass es das ganz allein schafft. Außerdem kenne ich meine Tiere und kann einschätzen, ob das Kind jetzt wirklich Hilfe braucht oder nicht. Die leuchtenden Kinderaugen und auch die ihrer Eltern bestätigen mir die erfolgreiche Arbeit.

4. Was können wir mithilfe von Lamas und Alpakas im tiergestützten Setting vermitteln?

Die Tierarten meines Herzens sind eindeutig Lamas und Alpakas. Vom ersten Kennenlernen an haben sie mich aufgrund dreier Besonderheiten fasziniert: Erstens kommen sie nicht aus unserem Kulturkreis. Im Gegensatz zu Tieren wie Ziegen, Schafen und Eseln haben die wenigsten Menschen mit ihnen Kontakt gehabt, bevor sie zu einer Lama- oder Alpakawanderung kommen. So ist

der Umgang mit diesen unbekannten Wesen ein völlig neues Abenteuer, bei dem alle Sinne angeregt werden. Hier gibt es keine geistige Schublade, in diese wir die Tiere schnell mal stecken können. Und das macht etwas mit den Menschen, die zu mir kommen.
Zweitens freut mich ihre ehrliche Neugier und ihr Interesse an Menschen. Während meiner Ausbildung befasste ich mich mit theoretischen Aspekten rund um die Tiere in einer kleinen Hütte des Lama-Züchters Gerhard Rappersberger. Währenddessen schauten seine Lamas immer wieder zum Fenster herein. Als wir Teilnehmer*innen hinausgingen, kamen manche Lamas näher an uns heran, um uns zu beschnuppern. Andere beobachteten uns aus sicherer Entfernung, aber alle waren gebannt mit ihrer Aufmerksamkeit bei uns. Bei meinen Wanderungen schauen sich meine Lamas ganz genau „ihren" Menschen an, bevor und während sie mit ihren Begleitern unterwegs sind. Kommen Fußgänger*innen oder Reiter*innen an meiner Weide vorbei, gehen die Tiere oft zum Zaun und beobachten diese.
Drittens faszinieren mich die Tiere auch noch, weil sie auf eine besonders freundliche Art die Grenzen der Menschen wahren, während sie gleichzeitig ganz klar den Respekt für ihre eigenen Grenzen einfordern.

5. Lama und Alpaka als Lehrende

Aufgrund dieser drei Besonderheiten lehren uns diese Tiere im tiergestützten Setting drei wichtige Lektionen in Bezug auf Selbstliebe und sozialen Austausch mit anderen. All dies geschieht in einem leichten, entspannten und humorvollen Rahmen, in dem auch mögliche Herausforderungen gut gemeistert werden können.

Ihre erste Lektion: Wahre die Grenzen anderer

Lamas und Alpakas stehen für sich ein und zeigen dir mit klarer Körpersprache an, wenn du ihnen zu nahe bist oder etwas tust, womit sie sich nicht wohl fühlen. Entweder das Tier weicht dir höflich aus oder es bleibt stehen, streckt die Nase in die Luft und legt die Ohren am Hals an. Es ist einfach eine Warnung, vergleichbar mit dem Knurren von Hunden. Setzt sich die tiergestützte Fachkraft freundlich und bestimmt dafür ein, dass die Grenzen der Tiere gewahrt werden, dann ist dies eine wichtige Lernerfahrung. Dasselbe gilt natürlich auch

gegenüber Menschen. Überschreiten Leute die Grenzen anderer, geschieht dies häufig, indem sie diese auch noch beschämen oder sich lustig machen. Frauen hören oft, dass sie sich nicht so anstellen sollen oder, dass sie Übergriffe als Kompliment wahrnehmen sollen. Daher finde ich diese Lektion sehr wichtig. Aber zurück zu den Tieren: Ich bin immer dankbar, wenn Tiere so freundlich sind, mich vorzuwarnen. Sie zeigen mir an, dass sie sich wegen meines Verhaltens nicht wohl fühlen. Das ist eine wichtige Information für mich. Ich möchte nicht raten müssen und dann ohne Vorwarnung die Konsequenzen zu spüren bekommen. Will ich mit dem Tier eine vertrauensvolle Bindung aufbauen, geht das nur, wenn ich dem Tier auf Augenhöhe begegne und seine Ängste und Wünsche ernst nehme. Bin ich der Meinung, dass sich das Tier nicht richtig anstellt, oder ist es mir egal, ob das Tier Angst hat oder nicht, dann wird das zu keiner schönen, respektvollen und vertrauensvollen Mensch-Tier-Beziehung führen. Das macht in der Folge jede medizinische Behandlung, jede Pflegemaßnahme und jeden Umgang mit ihnen schwierig, weil die Tiere gelernt haben, dass es für sie unangenehm wird, solange ich sie z. B. festhalte. Dieses Problem habe ich dann nicht nur heute mit dem Tier, sondern oft ein ganzes Tierleben lang. Das sind hunderte verpasste Chancen auf eine unkomplizierte, vertrauensbasierende Freundschaft. Manche Tierhalter*innen gehen sogar so weit, ihr Tier zu bestrafen, wenn es sie vorwarnt. Damit verursachen sie automatisch eine Eskalation. Ein Tier, das nicht vorwarnen darf, wird sich nur noch mit Beißen, Treten, Spucken oder ähnlichem zu helfen wissen.

Ihre zweite Lektion: Wahre deine eigenen Grenzen

Ein gut sozialisiertes Lama bzw. Alpaka wird dich von Anfang an nicht bedrängen, dich nicht rempeln und stets einen Abstand zu dir einhalten. Wenn du eine Tierart bzw. das jeweilige Individuum nicht gut kennst, kann das für dich sehr erleichternd sein. Du wirst das Verhalten des Tieres zu schätzen wissen. Gerade für Kinder ist dieses Erlebnis sehr wichtig. Natürlich auch für alle Erwachsenen, deren Grenzen im Kindesalter missachtet wurden - gleich ob körperlich und/oder mental. Viele Menschen, die ich kenne, haben als Kinder die Erfahrung gemacht, dass ihre Grenzen wenig oder gar nicht gewahrt wurden. Heute kommt das leider noch immer zur Genüge vor, aber es ist bereits viel mehr Bewusstsein vorhanden, als es früher der Fall war. Unsere Aufmerksamkeit gilt vorwiegend der körperlichen und sexuellen Misshandlung, aber auch rein emotionaler und mentaler Missbrauch hinterlassen tiefe Traumata. Erfährt ein Mensch von klein auf, dass seine Bedürfnisse belächelt und nicht gewahrt werden, oder, dass sich Leute sogar lustig darüber machen, schlussfolgert er unbewusst schon in jungen Jahren, dass er kein Recht hat, diese einzufordern oder gar selbst wahrzunehmen. Zu spüren, dass Tiere so klar und freundlich deine Grenzen, aber auch ihre eigenen wahren (Lektion 1), kann in dir oder deiner Kundschaft ein Umdenken bewirken. Es erlaubt euch zudem für euer „Nein" einzustehen.

Ihre dritte Lektion: Schaffe eine Vertrauensbasis und erlebe damit eine besondere Verbundenheit und Zeit

Ein Tier, auf dessen nonverbale Sprache du richtig reagierst, fasst immer mehr Vertrauen zu dir. Für mich ist das die schönste Belohnung. Bevor ich meinen Besuchern den Führstrick übergebe, bitte ich sie immer, die Tiere beim Wandern nicht vor der ersten Pause zu berühren. Wird das eingehalten, werden sie von meinen Tieren belohnt. Müssen meine Tiere allerdings vom Start weg ständig ihre Grenzen kommunizieren, werden sie sich meist gar nicht mehr streicheln lassen. Gewährt man ihnen aber die Zeit, die sie brauchen, strecken manche meiner Tiere schließlich vorsichtig und neugierig ihre sanften Nasen in die Gesichter der Menschen. Dieses Zeichen der Zuwendung und des Vertrauens wird von den meisten Menschen sehr geschätzt. Sie bemerken, dass ihr eigenes Verhalten dazu geführt hat, dass sich das Tier bei ihnen wohlfühlt. Diese Freude ist wesentlich nachhaltiger als ein kurzes Streicheln eines Tieres, zu dem man keinen Bezug hat. Glücklicherweise verstehen viele meiner Besucher*innen auch, dass es Individuen gibt, die sich gar nicht streicheln lassen. In den Pausen kann ein anderes Tier gestreichelt werden, welches das gerne hat und freiwillig zulässt. Wenn ich beobachte, wie das Streicheln anfangs ein großes Thema ist, aber bald für Jung und Alt zur Nebensache wird, wie bereits bei den Schüler*innen mit Caral erwähnt, geht mir das Herz auf. So wird der gemeinsame Weg das Ziel.

6. Aktivitäten mit Lamas und Alpakas

Neben Lama- und Alpakawanderungen mit Privatpersonen, Firmen oder Schulklassen sowie Kindergeburtstagsfeiern biete ich noch weitere Erlebnisse mit meinen Tieren an. Ein Picknick auf meiner Weide bietet die Möglichkeit, die beruhigende Wirkung der Lamas zu erleben, die neben uns grasen, ruhen oder uns neugierig mit der Nase beschnuppern. Meine Kundschaft kann die Tiere füttern. Streicheln ist nicht garantiert, schließlich will ich kein Tier festhalten müssen, wenn es gerade keine Lust auf Nähe hat, aber meist sind zwei Tiere den Menschen sehr angetan. Kinder können bei meinen Erlebnisstunden die Lamas bürsten (meine Alpakas mögen das nicht), füttern, Stall ausmisten, im Sommer die Tiere, die dafür anstehen, mit Wasser abspritzen, einen Parkour entwerfen, aufstellen und gehen. Da die Tiere eigene Klostellen auf der Weide haben, ist der größte Teil der Weide frei von Kot und Urin, sodass man durchaus auch Yoga oder Meditationen bzw. Fantasiereisen auf der Weide anbieten kann. Im Gegensatz zu anderen Weidetieren, werden Lamas und Alpakas nicht auf die Yogamatten koten, wie ich einmal in einer Reportage mit anderen Weidetieren belustigt beobachten durfte. Lamas und Alpakas haben eine sehr beruhigende Ausstrahlung auf der Weide. Ihr sanftes Summen lässt die Zeit fast stillstehen. In einer Zeit, in der Menschen ständig zu funktionieren haben und mit vielen Informationen überfordert werden, ist eine Auszeit mit Lamas und Alpakas sehr heilsam. Auch als Therapeut*in kannst du gut mit ihnen arbeiten! Dazu aber später noch mehr, denn auch hier will einiges beachtet werden. Bevor du mit dem Training deiner Tiere beginnst, solltest du dir über einiges bewusst werden. Das betrifft vor allem deine Überzeugungen und Denkweisen.

Kapitel 4 - Das richtige Mindset als Grundlage für die Arbeit mit deinen Tieren

Das Mindset beschreibt deine innere Haltung. Jeden Tag aufs Neue können wir unsere Überzeugungen, Erwartungen und Denkweisen hinterfragen und die Selbstreflexion in unser tägliches Leben miteinbeziehen. Das bringt mehr Lebensqualität, Freude und Erfolg in unsere Arbeit. Nicht nur wir profitieren davon, auch unsere Tiere und unsere Kundschaft. Wenn wir mit Tieren arbeiten, müssen wir unsere Empathiefähigkeit, unser Wissen und unsere kreativen Problemlösungskapazitäten stark erweitern. Zum anderen müssen wir uns unsere eigenen Fehler bzw. Schwächen bewusst machen, damit sich diese nicht negativ auf die Arbeit mit den Tieren auswirken.

1. Durch unrealistische Erwartungen erzeugen wir Leid

Zukünftige Tierhalter*innen haben eine gewisse Vorstellung davon, wie ihre Tiere zu sein haben oder wie sie sein werden. Daher stelle dir jetzt eine essenzielle Frage: Was erwarte ich mir von meinem/diesem Tier, ganz gleich, ob es sich um Lama, Alpaka, Pferd, Hund, Katze oder ein anderes Säugetiere handelt? Ich lege dir ans Herz, jetzt Stift und Papier zur Hand zu nehmen und frei von der Leber weg zu schreiben, was dir in den Sinn kommt.

Beantworte diese Fragen ehrlich - ohne innerer Zensur.

- ☐ Was erwartest du dir von deinem Tier bzw. deinen Tieren?
- ☐ Wie würdest du sie gerne beschreiben können?
- ☐ Was sollen sie für dich tun?
- ☐ Wie sollen sie auf Menschen, andere Tiere, auf dich, Autos, bestimmte Situationen reagieren?

Das ist deswegen wichtig, weil wir oft gar nicht wissen, welche Erwartungen wir unbewusst an das Tier (oder an uns oder andere Menschen) stellen. Hast du alles niedergeschrieben? Dann lies jetzt weiter.

Mit deinen Wünschen musst du immer vorsichtig sein. Ich weiß, wovon ich spreche. Mit 30 Jahren habe ich mir meinen Kindheitstraum in Form eines eigenen Hundes, Darwin, erfüllt. Ich dachte damals schon an tiergestützte Aktivitäten mit dem Hund, hatte aber noch keine Ausbildung und wünschte mir insgeheim einen Therapiehund. Bekommen habe ich einen Hund, mit dem ich in Therapie gehen musste. Die Züchterin hat seine wichtige Prägungszeit, also die ersten drei Lebensmonate, verstreichen lassen, ohne ihn auf das Leben unter Menschen vorzubereiten. So schwierig dieser Hund auch war, so sehr haben wir uns geliebt und ich habe sehr viel über Tierpsychologie und den Umgang mit verhaltensauffälligen Tieren gelernt.
Aber nun zurück zu deiner Liste.

Grundsätzlich wünscht man sich in der tiergestützten Arbeit meist ein Tier,

- das gut sozialisiert ist,
- das interessiert und freundlich zu Menschen ist,
- einen gewissen Körperkontakt möchte,
- ein ausgeglichenes Temperament hat,
- resilient,
- gesund und
- teamfähig ist.

Am besten also eine eierlegende Wollmilchsau. Spaß beiseite, selbstverständlich darf man kein verhaltensgestörtes Tier in der tiergestützten Arbeit verwenden, wie z. B. meinen ersten Hund, und natürlich sind die oben genannten Kriterien wichtig. Aber machen wir uns bewusst, dass es weder den perfekten Menschen noch das perfekte Tier gibt. Abgesehen davon fragst du 100 Menschen nach ihrer Vorstellung von „perfekt", bekommst du vermutlich genauso viele unterschiedliche Definitionen. Auch deine zukünftige Kundschaft wird sehr unterschiedlich sein. Somit kommen wir schon zur nächsten Frage: Wie realistisch sind meine Erwartungen?

Zu hohe Erwartungen setzen dich, deine Mitmenschen und deine Tiere unter Druck und erzeugen zuerst Stress und dann Frust. Manche Erwartungen sind nicht einmal realistisch und können vom Gegenüber oder von dir selbst niemals erfüllt werden. Ich bin der Meinung, dass viele Haustiere deswegen so schnell wieder abgegeben werden, weil sich die Menschen unter der Haltung und dem Arbeitsaufwand etwas ganz anderes vorstellen. So schön es auch ist, Tiere zu halten, es werden auch viele Probleme und Schwierigkeiten auf dich als Halter*in zukommen. Das perfekte Tier ist vermutlich ein Stofftier, aber das ist dann auch langweilig.

Bewusst keine Erwartungen zu haben, heißt nicht, keine Ansprüche zu stellen. Ich habe selbst hohe Ansprüche an mich, an das Wohlergehen meiner Tiere und an mein berufliches Angebot. Aber ich reflektiere immer wieder von Neuem, ob sie realistisch und gesund sind. Ich möchte, dass sich Menschen und Tiere bei mir wohl und sicher fühlen. Das schließt auch mich mit ein.
Ein Nein zu anderen kann ein Ja zu mir sein und umgekehrt.
Hohe Ansprüche zu haben, bringt mich dazu, über meine Komfortzone hin-

auszuwachsen, sie zu vergrößern, wenn ich es für angebracht halte. Aber was mache ich, wenn der Charakter meines Tieres nicht meine Vorstellungen von perfekt widerspiegelt?

2. Individuen - Das einzelne Lebewesen in seiner Besonderheit

Schauen wir den Tatsachen ins Auge. Wir Menschen unterscheiden uns nicht nur äußerlich, sondern auch durch unseren Charakter, Intellekt, soziale Kompetenzen und der körperlichen Verfassung. Wir alle haben unterschiedliche Talente, Vorlieben, Stärken und Schwächen. Manche Menschen sind emotional resilienter als andere. Manche sind dünnhäutiger, andere sind nervöser, wieder andere kann fast nichts aus der Ruhe bringen. All das gilt genauso für Tiere. In unserer Schulbildung wird meist nicht viel Rücksicht auf unsere Unterschiedlichkeiten genommen. Dadurch ist es nur naheliegend, dass wir ebenso unrealistische Ansprüche an unsere Tiere stellen.

Bestes Beispiel: Alpaka Pato

Mein gehörloser Pato macht fast jedem Menschen, mit dem er geht, viel Freude. Er verursacht das meiste Lachen, denn dieses Alpaka macht im Endeffekt bei der Wanderung, was es will. Wenn er in der Karawane von hinten nach vorne will, wird er plötzlich und unvermittelt zu laufen beginnen und der Mensch mit ihm. Er schert aus der Reihe aus, läuft nach vorne und drängt sich dann wieder zwischen zwei Tiere. Wenn aber das Tier vor ihm bereits zu weit weg ist, bleibt er stehen und geht keinen Schritt mehr weiter. Erst wenn ein anderes Tier ihn überholt, folgt er diesem. Es kann durchaus sein, dass mehrere Tiere ihn überholen müssen, bis er wieder von selbst weitergeht. Ich sage immer, er wartet auf ein ganz bestimmtes Hinterteil. Am liebsten folgt er Lama Salvatore. Zieht der Mensch zu viel und zu ungeduldig am Führstrick, um Pato zum Gehen zu bewegen, legt er sich einfach hin. Ich bin mir sicher, wenn er könnte, würde er seine Zunge herausstrecken und den Menschen fragen, was er denn jetzt vorhat. Zusätzlich kann es sein, dass er plötzlich vom Waldweg abbiegt und mitten durch die Büsche geht, die am Rand wachsen. Da lässt es sich wunderbar an allen Körperstellen kratzen. Viele meiner Tiere machen das auch gerne, sie reiben sich an den Stauden und kommen dann wieder auf den

Weg zurück, um weiterzugehen. Pato jedoch dreht mitten in den Büschen um, geht retour und kratzt sich dabei noch die andere Seite. Das ist nicht so einfach für den Menschen, der Patos Leine in der Hand hält. Daraufhin sucht Pato am Wegesrand noch kurze Sträucher auf, mit denen er sich seinen Bauch kratzen kann, bevor er wieder unvermittelt aus dem Busch herausspringt.
Dazu sei erwähnt, dass ich das Kratzen an den Büschen natürlich verhindern könnte, aber es zählt zu den Momenten, bei denen meine Besucher*innen zuerst erschrecken, dann aber mit leuchtenden Augen den Tieren zuschauen, während meine Tiere es genießen. Manchmal legt sich Pato während der Wanderung plötzlich auf den Waldboden, wälzt sich auf dem Rücken, streckt dabei die Beine in alle Richtungen, steht auf und geht weiter, als wäre nichts gewesen. Ein einziges Mal hat er ein kurzes Nickerchen gemacht. Dieses dauerte circa eine Minute, dann sprang er von selbst wieder auf und ging weiter. Seine ganze Wolle ist dann meist mit Blättern geschmückt. Das ist völlig normal für Pato. Dieses Tun, wonach mir gerade ist, finden die meisten Menschen großartig, beneidenswert und lustig. Nicht so glücklich wird jemand sein, der unsicher ist, der Angst vor den Tieren hat, der aus körperlichen Gründen ruhig, gemütlich und vorsichtig gehen möchte. Pato selbst kann nicht gut mit Menschen umgehen, die hektisch sind oder sein eigenwilliges Tun unterdrücken wollen. Durch

seine Gehörlosigkeit schaut er sehr stark auf seinen Menschen. Ist der Mensch ängstlich, wird auch Pato unsicher. Bei zu viel Druck wird er grantig. Daher ist es meine Aufgabe als tiergestützte Fachkraft zu schauen, wer ihn führen kann und wer ihn nicht bekommt, um sowohl die Menschen als auch Pato nicht zu überfordern.
Vergleichst du deine Tiere miteinander und misst alle an dem für dich einfachsten Tier, entsteht ebenfalls viel Leid für die Beteiligten. Jedes Tier ist anders, das erfährt man besonders beim Training. Eines hat kein Problem, am Bein angefasst zu werden, ein anderes hüpft sofort weg. Eines braucht wenige Übungseinheiten, um sich entspannt halftern zu lassen, bei anderen muss man einige Wochen dafür trainieren. Das bedeutet nicht, dass ein Tier brav ist und das andere schlimm. Sie sind einfach verschieden. Zwei komplett unterschiedliche Individuen, auch wenn sie zur selben Art gehören. Das zweite braucht mehr Training, aber auch das beste Training führt nicht zu zwei identen Tieren.

3. Was haben Purpurprachtbarsche, Keas und Elefanten gemeinsam?

In meiner Arbeit mit Tieren habe ich eines entdeckt: Nicht ein Individuum gleicht dem anderen. Als ich am Konrad-Lorenz-Institut für Vergleichende Verhaltensforschung in Wien während des Studiums Praktika mit Purpurprachtbarschen (*Pelivicachromis pulcher*) und Keas (*Nestor notabilis*) absolvierte, beobachtete ich Folgendes.

Eine Studienkollegin und ich versuchten herauszufinden, ob Fischweibchen, die keinen Zugang zum begehrtesten (rotgefärbten) Männchen, dem sogenannten „hot shot", bekommen, sich unter den weniger begehrten, gelbgefärbten Männchen diejenigen aussuchen, welche räumlich dem „hot shot" am nächsten waren. Das würde die „Hidden Lek Theorie" für diese Barsch-Art bestätigen, wonach es zu Ansammlungen von Territorien männlicher Tiere um ein besonders erfolgreiches Männchen kommt. Somit erhöhen Männchen ihren Fortpflanzungserfolg.
Dafür bastelten wir Plexiglas-Zylinder, die wir mit vielen Löchern durchbohrten, sodass Wasser und Pheromone ins gesamte Aquarium fließen konnten. Die Bohrlöcher des Zylinders, in den wir das begehrteste Männchen gaben, waren so klein, dass kein Fisch hinein oder hinaus schwimmen konnte. Bei den Zylin-

dern der gelbgefärbten Männchen konnten die Männchen nicht hinaus, aber die kleineren Weibchen hineinschwimmen. Wir konnten durch den Aufbau unserer Experimente und die statistischen Berechnungen bestätigen, dass tatsächlich die Männchen bevorzugt wurden, die nahe am begehrtesten Männchen waren. Aber ich erkannte gleichzeitig, dass die Fische sehr unterschiedlich reagierten. Manche Weibchen ignorierten die Männchen in den Zylindern völlig, andere waren hoch aktiv in ihrer Auswahl. Ebenso unterschiedlich reagierten männliche Fische. Erst wenn ein Weibchen Interesse zeigte, erwachte auch der Couchpotato. Die völlig inaktiven Weibchen mussten wir bei unseren statistischen Berechnungen weglassen, um aussagekräftige Aussagen von an Fortpflanzung interessierten Fischen tätigen zu können. Es sieht also für mich so aus, als gäbe es selbst bei Fischen unterschiedliche Charaktere, wobei man natürlich den Zeitraum ausdehnen und die Fischanzahl erhöhen müsste, um genauere Aussagen treffen zu können.

Auch bei den Keas, den frechen neuseeländischen Papageien, konnte ich diese Unterschiede beobachten. Es gab schüchterne Individuen, die gleich auf die höchste Stange flogen, als ich reinkam, und sich von dort nicht mehr wegbewegten. Außer es kam der für sie hauptverantwortliche Biologe in die Voliere, dann waren sie beim Verhaltensexperiment mit dabei. Es gab Keas, die sichtlich Spaß daran hatten, mich mit ihren Krallen zu attackieren, wenn ich ihnen den Rücken zudrehte. Andere wiederum waren freundlich und machten beim Experiment gleich willig mit, während wieder andere uns eine Zeit lang ignorierten, bevor sie dann doch mit uns arbeiteten.

Für meine Diplomarbeit über Lautäußerungen und das Verhalten von asiatischen Elefantenjungtieren (*Elephas maximus*) sammelte ich Daten in einem deutschen und einem niederländischen Zoo, in denen es große asiatische Elefantenherden gab. Als ich sie zum ersten Mal sah, fragte ich mich, ob ich je in der Lage sein würde, die einzelnen Individuen äußerlich voneinander zu unterscheiden. Doch schon nach ein paar Tagen des genauen Hinsehens und Beobachtens sieht man nicht nur, wie unterschiedlich sie ausschauen. Man erkennt auch die Draufgänger, die Selbstsicheren, die Unsicheren und die Vorsichtigen. Hieraus lässt sich schlussfolgern, dass es nicht egal ist, welche Individuen du dir kaufst, um tiergestützt zu arbeiten.

4. Wie wähle ich die richtigen Individuen aus?

Du kannst daher nicht einfach Tiere ungeschaut kaufen, retten oder übernehmen und dabei annehmen, dass sie für Therapie oder tiergestützte Aktivitäten sicher geeignet wären. Andererseits kristallisieren sich die genauen Charaktere auch erst mit der Zeit heraus. Vor allem die Charaktere von jungen Tieren sind noch nicht ausgereift. Aber natürlich liegt es auch viel an uns, wie wir letztendlich mit ihnen umgehen, wie wir ihnen Ruhe und Sicherheit vermitteln und wie wir ihre Talente und Stärken bewusst einsetzen.

Von zehn Tieren habe ich ein Lama und ein Alpaka, welche zur Therapie mit Menschen mit besonderen Bedürfnissen geeignet sind. Diese zwei Tiere sind unbeeindruckt von Rollstühlen, wild gestikulierenden oder unberechenbaren (aber nicht aggressiven) Kindern und Erwachsenen, die sie manchmal sofort angefasst haben. Eine Ergotherapeutin konnte sie bei ihrer Arbeit mit autistischen Kindern einsetzen. Interessant ist dabei: Wenn ein Mensch ohne besondere Bedürfnisse unberechenbares Verhalten zeigt, reagieren beide Tiere unsicher und weichen aus.

Ich habe fünf weitere Lamas und Alpakas, die so entspannt sind, dass sie auch von zarten, sechsjährigen Kindern geführt werden können. Dieselben Tiere zeigen sich aber sehr unsicher in Therapie-Settings mit Menschen, die unberechenbares (aber nicht aggressives) Verhalten zeigen, und fühlen sich sichtlich unwohl. Dafür konnten sie von der Ergotherapeutin gut bei Kindern mit z. B. Lernschwäche, Aufmerksamkeitsdefiziten oder Schwierigkeiten der Fein- und Grobmotorik eingesetzt werden. Es ist also ein Irrtum zu glauben, dass sich alle Lamas und Alpakas für therapeutische Zwecke eignen. Die Vorstellung vieler Menschen, einfach Tiere zu kaufen und dann sofort Angebote mit sogenannten Therapietieren zu starten, ist unrealistisch. Besitzt man die Tiere aber über einen längeren Zeitraum, trainiert sie und hat auch Patient*innen, die auf die Tiere eingehen können, ist diese Option des tiergestützten Arbeitens definitiv gegeben. Voraussetzung ist allerdings eine innige, vertrauensvolle Beziehung zwischen Therapeut und Tier. Dabei macht es durchaus Sinn, sich zu überlegen, die Therapie nicht mit eigenen Tieren durchzuführen, sondern mit gut trainierten Tieren von anderen Halter*innen.

5. Die Individualität ist ein Segen, kein Fluch!

Die Unterschiedlichkeit von Individuen einer Tierart in der tiergestützten Arbeit ist für mich ein absoluter Segen. Auch die Menschen, die zu mir kommen, sind unterschiedlich und fühlen sich von verschiedenen Lamas und Alpakas angezogen. Manche meiner Tiere gehen nur mit ruhigen Erwachsenen oder etwas älteren, ruhigen Kindern. Einige Menschen wollen gerne ein Lama führen, scheuen aber die Berührung und schätzen den Abstand. Andere Teilnehmer*innen mögen es wiederum, wenn eine Lamanase neugierig ihr Gesicht beschnuppert. Es gibt Menschen, die gerne flotter gehen und andere, die am liebsten in Ruhe das Schlusslicht bilden. Und manchmal gibt es Kundschaft, die gerne flott gehen würde, aber das Tier bringt sie zum Ausatmen und zum entspannten Wandern. Genau das, was sie gerade brauchen, wie sie im Nachhinein meist selbst anmerken. So bekommt jeder das Tier, das ihm am meisten zusagt, mit ihm auf Resonanz geht.
Während Lamas und Alpakas auf der Weide unnahbar sind, gibt es sehr wohl einzelne Individuen, die näher herkommen, sich manchmal neben Menschen legen, die gerade bei mir ein Picknick machen oder sich sogar frei berühren lassen. Und das macht die Faszination in der Arbeit mit Tieren für mich aus. Nicht alle sind gleich und das ist gut so.
Nutzen und schätzen wir die Charaktere dieser Individuen für unsere Arbeit und auch für den Umgang mit ihnen, anstatt zu hoffen, dass alle gleich sind. Letzteres führt lediglich zu Frust und potenziell sogar zum Verlust der vertrauensvollen Bindung zu unseren Tieren.

6. Kognitive Fähigkeiten bei Tieren

Alle Tierarten haben sich in unterschiedlichen Lebensräumen und unter variierenden Bedingungen entwickelt. Feststeht: Soziale Tiere brauchen viel mehr kognitive Fähigkeiten als Einzelgänger. Hunden spricht man die geistige Entwicklung eines zweieinhalbjährigen Kindes zu. Sie können über 150 Wörter verstehen lernen und verfügen über ein einfaches Grundwissen, z. B. dass eins und eins nicht eins ergeben kann, und sie können bis vier zählen [2]. Ratten treffen spannende Entscheidungen. In einer Studie [3] gab man ihnen die Möglichkeit eine Aufgabe abzulehnen. Wenn die Ratten unsicher waren, ob sie diese Aufgabe schaffen würden, verzichteten sie lieber auf die doppelte Belohnung und schieden freiwillig aus dem Experiment aus, weil sie wussten, dass sie zumindest ein Leckerli bekommen würden, anstatt keines im Falle des Versagens. Das zeigt, dass Ratten fähig sind, über ihre eigenen kognitiven Fähigkeiten zu reflektieren.

Ähnliches wurde bei Großen Menschenaffen erforscht. Je schwieriger die Aufgabe, umso eher entschieden sich Bonobos, Schimpansen, Orang-Utans und Gorillas für die sichere Variante, obwohl sie grundsätzlich risikobereit waren [4]. Amerikanerkrähen merken sich die Gesichter von Menschen, die ihnen etwas angetan haben und ihre Reaktion führt wiederum zu sozialem Lernen anderer Artgenossen, wie eine Studie [5] belegt. Wissenschaftler trugen die gleiche Gesichtsmaske beim Fang, Markieren und Auslassen der Vögel. Die betroffenen Krähen beschimpften die Forscher sofort mit aufgeregtem Gekrächze (individuelles Lernen). Auch die Artgenossen, die nur zuschauten, beschimpften die Menschen mit den Masken während des Ereignisses und danach (Konditionierung durch Beobachtung und soziales horizontales Lernen). Um auszuschließen, dass die Krähen per se auf die Maske reagieren, wurde deren Reaktion auf die Maske vor dem Einfangexperiment erhoben. Nur drei Prozent zeigten eine Reaktion.

In Summe konnten die Forschenden bei ihren Tests, die über fünf Jahre an sieben verschiedenen Standorten liefen, folgendes feststellen:

- Krähen, die eingefangen wurden, hatten das Ereignis nicht vergessen.
- Ebenso konnte aufgezeigt werden, dass soziales horizontales Lernen stattfand, indem sich Krähen aufregten, denen das störende Ereignis selbst gar nicht passiert war.
- Sogar Krähen, die beim Einfangen nicht anwesend waren und nur die Reaktion der anderen Krähen auf die Gesichtsmasken beobachteten, wussten, dass die Menschen mit der Maske als „gefährlich“ einzustufen sind.

Das horizontale Lernen kann ich auch bei meinen Tieren in zwei verschiedenen Situationen erkennen: Kommt ein neues Tier in die Herde, beobachtet dieses die anderen Tiere ganz genau. Zum Beispiel stehen am Beginn einer

Wanderung viele meiner Tiere bereits am Tor und warten darauf, gehalftert zu werden. Die neuen Tiere stellen sich nach einiger Zeit auch an, ohne, dass ich es mit ihnen trainiert hätte und obwohl sie noch gar nicht mitgehen. Zweitens beobachten diese Tiere auch den Umgang zwischen mir und meinen anderen Tieren. Sie erkennen, dass die anderen entspannt auf mich reagieren und sehen, dass ich grundsätzlich keine Gefahr darstelle. Sobald man eine gut funktionierende Herde mit entspannten Tieren hat, wird jeder Neuzugang unkomplizierter. Ausnahmen bestätigen natürlich auch hier die Regel.

Immer wieder fragen mich Leute, ob meine Tiere einzelne Menschen, die immer wieder mal mit uns wandern gehen, wieder erkennen. Das kann ich allerdings nicht bestätigen bzw. sehe ich dafür keine Hinweise. Meine Tiere gehen zu häufig mit verschiedenen Personen spazieren. Ich merke aber gleichzeitig, dass sie sich viel schneller in der Gegenwart von wiederkehrender Kundschaft entspannen. Ich nehme an, dass diese Menschen selbst schon entspannter sind und sofort richtig auf sie eingehen. Viele Besucher*innen, die vor mir bei der Weide ankommen, erzählen mir, dass die Tiere schon aufmerksam zur Straße schauen, wenn sie mein Motorrad in der Ferne hören, also bevor sie es sehen können. Wenn Mitarbeiterinnen neu anfangen, dauert es natürlich eine gewisse Zeit, bis sich meine Tiere auf den Wanderungen mit ihnen genauso sicher fühlen, wie wenn ich mitgehe. Kommt die Tierärztin, muss ich meine Tiere schon vorab halftern. Sobald sie nämlich ihr Auto sehen, wissen sie schon, warum sie jetzt gehalftert werden. Danach wird es schwierig, da sie auf meiner Weide jede Menge Rückzugsorte haben.

Fluchttiere haben aber noch andere Fähigkeiten. Sie müssen den Blick des Raubtieres in der freien Wildbahn so früh wie möglich spüren und wahrnehmen. Das entscheidet über Leben und Tod. Bei einem Halterkurs durften wir die noch untrainierten Jungtiere erstmals anhalftern. Ich beobachtete die Teilnehmer*innen vor mir. Sie entschieden sich für ein Tier, gingen hinein und versuchten es einzufangen. Alle anderen Tiere blieben stehen und blockierten damit auch den Menschen. Nur das ausgewählte Tier versuchte zu entkommen. Sie trieben das Tier ruhig in eine Ecke, halfterten es, nahmen das Halfter gleich wieder herunter und ließen das Tier weglaufen. Es musste immer ein neues Tier ausgesucht werden, sodass alle Tiere erstmals das Halftern erlebten. Der Mensch war mit der gesamten Aufmerksamkeit bei dem Tier. Da alle anderen stehenblieben und immer nur ein Tier davonlief, schlussfolgerte ich, dass die Tiere bereits im Vorhinein wussten, welches Tier ausgewählt wurde. Ich ging davon aus, dass die Tiere den Blick wahrnehmen. So entschied ich, etwas anderes zu probieren. Ich suchte vorab ein Tier aus. Als ich an der Reihe war, ging ich hinein, ohne das Tier anzuschauen. Ich wusste aber, wo es stand, und dachte natürlich an das Tier. Und was passierte? Alle Tiere blieben stehen, bis auf das eine, das ich ausgesucht hatte. Es war unglaublich. Ich hatte das Gefühl, dass alle Tiere sogar die Aufmerksamkeit spüren. Für ein Fluchttier vermutlich nichts Ungewöhnliches. Aber ob das wirklich so ist, kann ich aufgrund einer einzelnen Erfahrung freilich nicht sicher sagen. Bei der Arbeit mit Tieren passiert es häufig, dass man etwas in sie hineininterpretiert, das so womöglich gar nicht stimmt. Solange dies keinen negativen Effekt auf die Tiere hat, ist es egal. Schlimm wird es, wenn diese Interpretationen den Beginn vieler Missverständnisse bedeuten.

7. Falsche Schlussfolgerungen aus dem Verhalten unserer Tiere / Vermenschlichung

Wenn mir Menschen von ihren Problemen mit Tieren erzählen, höre ich ganz oft, dass „Tiere den Menschen nur testen wollen“. Eine ebenfalls häufige Vorstellung ist, dass „die Tiere den Menschen etwas zufleiß machen“. Sie würden sich also absichtlich verhaltensoriginell geben, um dem Menschen eins auszuwischen. Das sagt mehr über das menschliche Gedankengut aus, als über die Tiere.

Nehmen wir als Beispiel ein Lama, das sich weigert mit einem Menschen mitzugehen, der sich am anderen Ende des Führstricks befindet. Manche Menschen nehmen dies gleich persönlich. Es gibt aber viele Gründe, warum ein Tier nicht gehen möchte.

- Es kann Schmerzen haben.
  Das sollte der/die Tierbesitzer*in wahrnehmen und das
  Tier zuhause lassen und entsprechend behandeln.

- Starker Wind macht das Tier unsicher, weil der Wind andere Geräusche übertönt, die das Tier vor Gefahren warnt. Ist starker Wind (bei mir definiert ab 30 km/h) vorhergesagt, sage ich die Wanderungen ab.

Einerseits weil wir viel durch den Wald gehen und fallende Äste eine Gefahr für Mensch und Tier sind, andererseits weil die Tiere die ganze Wanderung lang verunsichert reagieren.

- Hitze macht den Tieren zu schaffen, daher sollten Wanderungen ab einer bestimmten Temperatur nicht durchgeführt werden. Für mich ist das ab 30 Grad Celsius aufwärts (auch im uns umgebenden Wald steht dann die Luft).

- Ein anderes Lama ist bei der Wanderung zuhause geblieben, welches dem Tier gewöhnlich Sicherheit gibt. Es ist sinnvoll, beide Tiere gemeinsam mitzunehmen. Das kann sich mit der Zeit durchaus ändern, sodass man die Tiere in der Zukunft vielleicht auch getrennt mitnehmen kann.

- Das Lama wird allein aus der Weide geführt, weg von seiner restlichen Herde und muss die Wanderung ohne Artgenossen machen. Fluchttiere fühlen sich in der Herde sicherer, weil es dann viele Augen und Ohren gibt, die Gefahren schnell genug registrieren können.

- Der Mensch, mit dem das Tier geht, ist angespannt und versucht Druck auszuüben, weil in seinen Augen der Mensch der Chef sein sollte.

- Der Mensch hat gar kein Interesse an Tieren, ist aber von seiner Familie mitgenommen worden und zeigt mittels Körpersprache, dass er eigentlich gar nicht gehen möchte. Das konnte ich schon ein paar Mal beobachten. Es ist interessant zu beobachten, dass die Tiere dann auch nicht mitgehen wollen. Erst wenn der Mensch sich doch einlässt, erweckt das beim Tier wieder die Freude am Wandern.

- Ein Mensch ist völlig in Gedanken versunken und nicht präsent. Das verunsichert meine Tiere. Ich persönlich interpretiere das so, dass ein unachtsamer Begleiter bei Gefahr nicht schnell reagieren kann und damit eine Gefahr darstellt. Schließlich hält dieser den Führstrick in der Hand.

- Das Tier geht nicht gleich los und der Mensch bezieht dies auf sein Unvermögen das Tier zu führen, verändert durch diese mentale Einstellung seine Körpersprache und verunsichert damit wiederum das Tier. Oft wird dann behauptet, dass das Tier gar nicht gehen möchte.

Dies sind neun durchaus gute Gründe, an die viele Halter*innen gar nicht denken. Die Besucher*innen können es nicht wissen.

Ja, meine Tiere reagieren auf ihre zweibeinigen Wandergefährten. Sie schauen sich die Körpersprache der Menschen genau an. Wenn ein Mensch genervt, angespannt und gestresst ist, kneift dieser Augen und Mund zusammen und zieht die Schultern hoch. Der Druck am Führstrick ist ruckartig. Das verunsichert meine Tiere. Da sie über den Führstrick verbunden sind, müssen sie jetzt mit einem nicht sehr vertrauenswürdigen Menschen das schützende Gehege verlassen. Sie reagieren mit Unsicherheit auf die angespannte Körpersprache des Menschen. Dies kann in den ersten 15 Minuten der Wanderung auftreten. Hier begleite ich die Menschen, die Hilfe benötigen. Ich gebe Tipps, durch die sich die Menschen entspannen, das wirkt sich auf die Motivation des Tieres aus und nach zehn bis 20 Minuten wandert das Mensch-Tier-Team üblicherweise wie eine Einheit. Das Tier freut sich über die Abwechslung und die Fresspausen, der Mensch genießt die Anwesenheit und Eigenheit seines Tieres.

Beispiel Hund

Nehmen wir als Beispiel für falsche Schlussfolgerungen ein anderes Tier, den Hund: Ein Hund hat, als er allein in der Wohnung war, die Schuhe seines Besitzers zerbissen. Als der Besitzer nach Hause kam, sah dieser wie der Hund auf seinem Hundebett kauerte und den Blick senkte, statt ihn zu begrüßen. Der Mensch schaute sich um, sah den kaputten Schuh und schloss daraus, dass der Hund sich seiner Schuld bewusst ist. Es macht den Anschein, der Hund wüsste, dass er den Schuh nicht zerbeißen darf, macht es aber aus böser Absicht und hat dann Angst vor den Konsequenzen. Aus verhaltensbiologischer Sicht ist dies jedoch ein falscher Rückschluss. Es ist eine klassische Vermenschlichung. Hunde lernen orts- und menschenbezogen. Allein gelassen in der Wohnung hatte der Hund sozialen Stress, ihm war langweilig, weil er zu lange allein gelassen wurde oder er hatte großen Hunger. Um Stress zu reduzieren, hilft es Hunden, an etwas zu kauen. Und was eignet sich besser als ein Gegenstand, der

nach dem geliebten Besitzer riecht. Aufgrund des Geruchs und des Stressabbaus durchs Kauen lernt der Hund, dass ihm das Zerbeißen von Gegenständen in dieser Stresssituation hilft. Abends wenn der Besitzer nach Hause kehrt, hat der Hund durch eine frühere Erfahrung gelernt, dass ein zerbissener Schuh und das Herrl im selben Raum keine gute Kombination sind. Der zerbissene Schuh ohne Besitzer ist beruhigend, der zerbissene Schuh mit dem Besitzer im selben Raum macht Angst. Es gab schon einige Studien, die herausfinden wollten, ob der Hund sich schuldig fühlt und es konnte bisher nicht bestätigt werden. Hunde reagierten ebenso mit gesenktem Blick, wenn etwas kaputt war, dass sie selbst nicht zerstört hatten [6].
Wurde den Halter*innen gesagt, dass ihr Hund Futter genommen hatte, obwohl das gar nicht der Fall war, sah der Mensch dennoch ein schuldiges Verhalten, auch wenn keines da war [7]. Sollten die Halter*innen selbst raten, ob der Hund das Futter genommen hatte oder nicht, lagen richtige Einschätzungen nicht über dem Zufallsniveau [8] [9].
Das heißt, die Hundehalter*innen lagen genauso oft falsch wie richtig. Es ist also immer gut zu hinterfragen, ob das, woran ich glaube, wirklich der empirischen Wahrheit entspricht. Die Tiere können uns hier leider nicht aufklären, müssen aber unsere „Schuldzuweisungen“ in Form unseres Verhaltens ertragen. Wichtig ist es, hier eine Lösung zu finden. Zu erwarten, dass die Tiere von selbst ihren Stress anders abreagieren als an unserem Schuh, ist, finde ich, zu viel verlangt. Wenn man die Schuhe versteckt, wird es vielleicht als nächstes das Tischbein sein, das zum Stressabbau herhalten muss.

Bessere Lösungen wären

- den Hund schrittweise an das Alleinsein zu gewöhnen,
- ihn nicht so lange allein zu lassen,
- ihm den Schuh aus dem Mund zu nehmen und diesen gegen ein geeignetes Spielzeug einzutauschen. So lehrt man dem Hund in stressigen Zeiten dieses Spielzeug zu nutzen
- oder man achtet darauf, den Hund regelmäßig zu füttern.

Das Tier hat versucht einer stressigen Situation zu entfliehen. Er hat seinen Besitzer nicht absichtlich geärgert. Wenn ich Letzteres glaube, erkenne ich das tatsächliche Problem nicht und kann es daher auch nicht beheben. Wie du schon merkst, gehe ich grundsätzlich nicht davon aus, dass Tiere etwas böswillig machen, wobei es auch hier sicher Ausnahmen gibt, vor allem wenn man sich so manche Katzenvideos ansieht. Babies schreien nicht, weil sie den Eltern etwas zufleiß machen wollen. Bei Babies, Kleinkindern und vielen Tieren sind vorwiegend die Grundbedürfnisse zu decken. Sie alle reagieren auf unmittelbare Reize. Man überschätzt die geistigen Kapazitäten eines Babies, wenn man ihm bewusste Bösartigkeit unterstellt. Das ist kognitiv in diesem Alter noch nicht möglich.

Wenn ein Tier tatsächlich einmal bewusst seinem Bezugsmenschen schaden will, dann muss im Vorfeld schon sehr viel schiefgelaufen sein. Das kann an der Geschichte des Tieres liegen, bevor es seinen jetzigen Menschen kennengelernt hat. Es kann auch sein, dass das Tier sozial fehlgeprägt wurde, dann kann selbst Training nicht immer die erhofften Lösungen bringen. Das Tier hat vielleicht gelernt, dass Menschen, die in seiner Wahrnehmung gefährlich sind, mit Beißen, Spucken oder Treten auf Abstand gehalten werden können.
Wenn jemand unter Vermenschlichung versteht, Tieren kognitive Fähigkeiten zuzusprechen, die sie tatsächlich haben, spricht nichts dagegen. Wenn ich aber meine eigenen Eigenschaften, Vorlieben oder auch berechnendes Verhalten in die Tiere hineinprojiziere, dann kann es problematisch werden. Wir vergessen, dass diese Projektionen, die in unseren Köpfen entstehen, manchmal mit der Realität überhaupt nichts zu tun haben. So rufen wir Probleme mit anderen Menschen und Tieren überhaupt erst ins Leben.

Negative Beispiele für Vermenschlichung:

- Den Tieren ständig etwas Ungesundes zu fressen zu geben, weil man selber gerne ungesund isst oder weil man sich ihre Liebe kaufen möchte. Man schädigt damit ihre Gesundheit, denn natürlich werden sie nicht vernünftigerweise auf die Leckerlis verzichten. Mein zweiter Hund, eine ehemalige Straßenhündin, hatte sicherlich viele Zeiten, in denen sie und ihre Welpen hungern mussten. Hätte sie die Gelegenheit gehabt, hätte sie bis zum Umfallen gefressen.

- Manche Menschen heben ihre Tiere, wie kleine Kinder ständig hoch, aber die meisten Tiere mögen es nicht, den Boden unter ihren Füßen zu verlieren. Ein Meerschweinchen verfällt vielleicht in Schockstarre, während der Mensch glaubt, dass es die Liebkosungen genießt.

- Man unterschreibt das Todesurteil eines Tieres, wenn man ein Alpaka- oder Lama-Jungtier auf den Menschen sozialisiert, um es zu einem Kuscheltier zu erziehen. Traurig ist es auch, ein Alpaka-Jungtier allein im Haus mit Garten zu halten, um ständig Videos auf sozialen Medien posten zu können, anstatt sie artgerecht auf der Weide mit Artgenossen zu halten. In solchen Fällen wird man den Tieren nicht gerecht, agiert unreflektiert und nicht aus dem Wunsch heraus, dem Tier etwas Gutes zu tun.

- Menschen, die ihre Tiere wie Menschen anziehen: Es gibt durchaus Hunde oder Pferde, die aufgrund ihrer Rasse frieren, dennoch braucht der Hund keine Mütze oder Sonnenbrille und nicht jedes Pferd eine Decke.

- Hunde, die im Restaurant am Stuhl oder auf der Bank sitzen.

Diese Liste ließe sich beliebig vorsetzen, soll aber nur eine Reihe bekannter Beispiele aufzeigen, wie sehr wir die Perspektive des Tieres verlassen und stattdessen versuchen, unsere Welt auf sie zu projizieren. Für mich ist die Arbeit mit Tieren gerade deswegen spannend, weil sie nicht wie wir sind und gleichzeitig doch in einigen Bereichen ähnlich reagieren. Das wahre Abenteuer besteht darin, herauszufinden, wie die Welt für Tiere ist. Warum sollte ein Tier menschlich sein oder sich wie ein Mensch verhalten? Das hat es doch überhaupt nicht nötig. Wir lieben andere Säugetiere, weil wir uns mit ihnen am leichtesten identifizieren können, aber das heißt nicht, dass wir den Tieren ihre ureigene Lebensweise und Erfahrungswelt absprechen können. Ihre Evolution hat im Vergleich mit unserer ganz andere Wege beschritten.
Wenn du versuchst, verschiedene Tierarten untereinander oder Tiere mit Menschen zu vergleichen, wird es schwierig. Geistig sind wir Menschen bei technischen Herausforderungen den Hunden weit überlegen, aber wenn es um Spurensuche oder Hörvermögen geht, kommen wir mit unseren Sinnen nicht annähernd an ihre Fähigkeiten heran. Tiere sind für ein Überleben in ihren Lebensräumen bestens ausgestattet, sie müssen keine Logarithmen rechnen oder Schlussrechnungen lösen. Ein Lama hat eine durchaus reale Chance, einem Puma davon zu laufen, wir würden da kläglich versagen. Das beginnt schon damit, dass wir ihn viel zu spät wahrnehmen würden, weil unser Hörvermögen schlechter ist und weil wir oft in Gedankenwelten von gestern und morgen

verweilen, statt unsere Umgebung aufmerksam wahrzunehmen. Die Augen der Lamas und Alpakas sind, typisch für Fluchttiere, seitlich positioniert, so können sie nicht nur seitlich und vorne sehen, sondern auch schräg hinter sich. Eine kleine Bewegung des Kopfes reicht, um das Objekt hinter sich näher anzuschauen. Auch der Hals ist sehr beweglich, er kann um 180 Grad gewendet werden. Außerdem haben Lamas den Vorteil in Herden zu leben, in denen es viele aufmerksame Augen und Ohren gibt. Da wir Menschen die Augen, genauso wie Raubtiere, vorne haben, sind Lamas und Alpakas vermutlich umso vorsichtiger, wenn wir nach ihnen greifen.

8. Der Skorpion und der Frosch – die Urinstinkte unserer Tiere

Tiere sind nicht dumm, wenn sie nicht erkennen, dass wir ihnen eigentlich nur helfen oder ihnen nichts Böses tun wollen. Es gibt eine Tierfabel, die die Natur der Tiere, meiner Meinung nach sehr gut auf den Punkt bringt. Dabei geht es nicht um Moral, sondern um Urinstinkte. Ein Skorpion kommt an einen Fluss, den er überqueren möchte. Er bittet den Frosch, ihn auf seinem Rücken über den Fluss zu tragen. Der Frosch lehnt ab, weil er dabei vom Skorpion getötet werden könnte. Der Skorpion erzählt dem Frosch glaubhaft, dass der Tod des Frosches auch seinen eigenen Tod bedeuten würde. Warum sollte er also den Frosch töten? Der Frosch willigt aufgrund dieser logischen Erklärung ein. In der Mitte des Flusses sticht der Skorpion den Frosch. Sterbend fragt der Frosch, warum er ihn sticht, obwohl er ihm gerade geholfen hat. Der Skorpion verweist auf seinen Instinkt, der ihm keine andere Wahl lässt, als zu stechen. Man kann diese Handlung dem Skorpion übelnehmen, aber das macht für den Frosch jetzt keinen Unterschied mehr. Wenn wir mit Tieren arbeiten, müssen wir uns ihrer ureigenen Natur bewusst sein. Unsere Logik, unsere Geschichten und unser Verständnis sind nicht die unserer Tiere. Sie hegen keine Absicht, dir das Leben schwer zu machen. Sie sind nicht böse, sie reagieren einfach auf Impulse. Das können wir ihnen nicht zum Vorwurf machen.

Für die Arbeit mit Tieren ist es wichtig, sich dieser Unterschiede bewusst zu werden. Dann wird Folgendes klar:

- Kommt es zu Verhaltensproblemen bei den Tieren müssen wir Menschen nachdenken und gute Lösungen finden oder andere Menschen um Rat bitten, die wertschätzend (!) mit ihren Tieren umgehen.

- Wir sind es, die unseren Tieren eine Umgebung und ein Arbeitsumfeld schaffen sollten, in denen sie sich sicher fühlen, aus denen heraus sie sich auch entfalten können. Sie können das nicht für uns machen, noch können sie im ungeeigneten Umfeld sicher agieren.

- Menschen, die wir mit unseren Tieren Zeit verbringen lassen, müssen Regeln befolgen, damit die Tiere ihrem Wesen gerecht wirken können und um die Sicherheit für Mensch und Tier zu gewährleisten.

Zusammenfassend möchte ich hier ausdrücklich festhalten, dass wir diejenigen sein müssen, die unseren Verstand nutzen, um zu reflektieren. Wir müssen unsere Vorstellungen hinterfragen, um gute Lösungen für Mensch und Tier zu finden. Wenn du merkst, dass das Tier speziell auf dich in einer unangenehmen Weise reagiert, dann verschwende deine Zeit nicht all zu lange damit, dies persönlich zu nehmen, sondern finde heraus, wie du das Problem in dir und mit dem Tier beheben kannst. Letztlich wirst du selbst sehr davon profitieren.

9. Tiere erkennen menschliche Emotionen und reagieren darauf.

Wer auf das unerwünschte Verhalten eines Tieres mit Gewalt und viel Druck reagiert, agiert ohne gedankliche Reflexion spontan aus Frust, Unwissenheit und Unvermögen heraus. Sehen wir Druck und Gewalt als einzige Lösung, geht es meist darum, einem anderen Menschen oder einem Tier den eigenen Willen aufzuzwingen, ohne Rücksicht auf die Wünsche, das Können oder den körperlichen bzw. mentalen Zustand des anderen zu nehmen. Sowohl bei der Arbeit mit Menschen als auch bei der Arbeit mit Tieren wird unsere Resilienz häufig geprüft. Jeder von uns ist gelegentlich frustriert, grantig oder genervt. Das ist völlig normal. Aber diese Stimmungen an Mensch oder Tier auszulassen, darf in der tiergestützten Arbeit nicht vorkommen. Tiere können manche unserer Wünsche gar nicht ausführen, manche verstehen nicht, was wir von ihnen wollen, andere sind in einer Situation so überfordert, dass sie unmöglich ein gewünschtes Verhalten umsetzen können. Was aber alle gemein haben, ist, dass sie uns beobachten und Angst vor uns bekommen, wenn wir unreflektiert agieren.

Studien haben gezeigt, dass Primaten [10], Hunde [11], Schafe [12] und Ziegen [13] menschliche Emotionen sowohl akustisch als auch visuell erkennen können. Während einer Studie [14] sahen Pferden menschliche Gesichter auf Videos, die zuerst einen neutralen Gesichtsausdruck hatten und dann in einem fröhlichen oder wütenden Ausdruck endeten. Untermalt wurden die Videos von fröhlichen oder wütenden Geräuschen, die manchmal passend waren und manchmal widersprüchlich. Die Pferde reagierten auf kongruente freudige Lautäußerungen mit einer niedrigeren Herzfrequenz und einer entspannten Körperhaltung. Und bei negativen Gesichtsausdrücken und Lautäußerungen war ihre Herzfrequenz erhöht und ihre Haltung aufmerksam. Sie sahen schneller, häufiger und länger auf Videos, wenn sich Lautäußerung und Mimik widersprachen. Hunde und Primaten wiederum schauten länger auf kongruente Bilder, die mit passenden Lautäußerungen untermalt waren.

Es kann sein, dass Pferde als Fluchttiere auf inkongruentes Verhalten verwundert reagieren und deswegen länger hinschauen. Die gemütlich liegende Löwin könnte ja plötzlich doch lossprinten.

Ich merke, dass meine Tiere auf inkongruentes Verhalten mit Stillstand oder Unsicherheit reagieren. Hier ein Beispiel: Bei einer Wanderung führte eine Dame mit Lama Salvatore die Gruppe an. Er machte ein paar Schritte und blieb stehen. Es dauerte eine Zeit, bis er wieder weiterging, aber wieder wollte er nur wenige Schritte machen. Die Dame zog ununterbrochen am Führstrick. Ich riet ihr, nicht zu ziehen, wenn er bereits stehen geblieben ist, sondern ihm zehn bis 15 Sekunden Zeit zu geben und dann wieder einen kurzen, leichten Zug auszuüben. Als Erster in der Gruppe muss Salvatore die Umgebung im Auge behalten. Wenn er etwas hört, bleibt er deshalb kurz stehen, die Ohren gehen in die entsprechende Richtung, dann – wenn alles passt – marschiert er wieder weiter. Ich sagte der Dame weiters, dass wir es nicht eilig hätten. Sie wiederholte lächelnd meine Worte „Nein, nein, wir haben es nicht eilig“ und zog

gleichzeitig ruckartig am Führstrick, das Gesicht und die Schultern angespannt. Das wiederholte sich mehrmals. Ihre Worte und das Lächeln stimmten nicht mit ihrer Körpersprache überein. Mein Lama konnte die Worte zwar nicht verstehen, aber die Körpersprache der Dame lesen und sah mich unsicher an. Erst als ich sie dazu brachte, wirklich stehenzubleiben und durchzuatmen, war Salvatore wieder bereit weiterzugehen. Sie erkannte den Zusammenhang und ab dann ging es gemütlich weiter. Natürlich sind meine Erzählungen und Erlebnisse Anekdoten. Ich kann nicht mit Sicherheit sagen, ob Salvatore irritiert war von der Kombination eines versuchten Lächelns in einem angespannten Gesicht, von dem ständigen Zug am Führstrick oder der Kombination Zug und Anspannung. Meine Wahrnehmung ist, dass er mehr verunsichert war, als in Situationen, in denen die Menschen kongruent agieren. Abgesehen von dem inkongruenten Verhalten der Kundin stoßen hier zwei Lebewesen aufeinander, die ganz unterschiedlich an die gemeinsame Wanderung herangehen. Auf der einen Seite ein Fluchttier, das aufmerksam die Umgebung wahrnimmt, alle Zeit der Welt hat und den Menschen noch nicht kennt und vertraut. Auf der anderen Seite ein Mensch, der gewohnt ist, allein ohne Unterbrechungen zu wandern und dies auch bei einer Lamawanderung erwartet. Das Stehenbleiben des Tieres wird oftmals persönlich genommen und der innere Druck wird dadurch verstärkt, dass alle anderen in der Karawane hinter ihnen ebenfalls stehenbleiben müssen. Es ist also durchaus verständlich, dass der Mensch verunsichert ist und damit auch das Tier verunsichert. Nehme ich den Besucher*innen den Druck, erkennen sie, dass es ohne Druck wesentlich besser vorangeht, dass es mehr Spaß macht und vor allem, dass das Tier nicht zu jeder Zeit wie eine Nachziehente „funktionieren" muss. Es ist in Ordnung, wenn die restliche Herde gelegentlich warten muss, schließlich übernimmt das erste Tier die Verantwortung während der Wanderung. Letzteres erkenne ich daran, dass das erste Lama in der Karawane viel öfter den Kopf und die Ohren in eine Richtung dreht und daraufhin stehen bleibt, wie wenn es in der Mitte oder ganz hinten geht. Meine Alpakas trotten z. B. am liebsten einem Lama nach, ohne viel nach rechts und links zu schauen. Sobald wir eine Wanderung nur mit Alpakas machen, schaut sich das erste Tier oft um, und bleibt häufiger stehen, um auf die hinteren Tiere zu warten.

Die Körpersprache meiner Tiere ist sehr klar. Meine Lamas streiken völlig, wenn ein Mensch versucht eine sogenannte Alpharolle zu übernehmen und glaubt, er erreiche sie mit dem Aufbau von Druck. Meine Alpakas wiederum werden zwar mit dem Menschen mitgehen, aber der Abstand zwischen ihnen und dem Menschen ist größer als bei Menschen, bei denen sie sich wohlfühlen. Streicheln in den Fresspausen ist zumindest bei Alpaka Diego dann nicht mehr möglich. Mein gehörloses Alpaka Pato wird dabei sehr unruhig. Wer bei der Arbeit mit Tieren gewalttätiges Verhalten zeigt, verwirkt die Chance auf Bindung und vergrault – hoffentlich - auch die Kundschaft, wenn diese merkt, dass die Tiere nur aus Angst agieren. Bevor du wütend wirst, was durchaus menschlich ist, bitte ein paar Mal tief einatmen, Training oder Handling beenden und weggehen. Sind die Emotionen hochgekocht, kannst du dich an einem Gegenstand abreagieren, allerdings bitte nicht vor dem Tier. Training oder Handling hat in diesen Momenten nur negative Auswirkungen. Wenn ich an einem Tag nicht gut drauf bin und mir am Vortag vorgenommen habe, heute die Zehennägel der Tiere zu kontrollieren und zu schneiden, verschiebe ich es auf den nächsten Tag. Meine Tiere merken meinen Gemütszustand sofort, selbst wenn ich ihn gar nicht bewusst zeige, und halten tatsächlich mehr Abstand zu mir.

Der Hippotherapeut aus dem Film „28 Tage“ (Jahr 2000), mit Sandra Bullock in der Hauptrolle, brachte es auf den Punkt: die Definition von Wahnsinn ist, immer wieder dasselbe zu probieren und ein anderes Ergebnis zu erwarten. Ein Tier immer wieder durch unser Tun in haargenau dieselbe unangenehme Situation zu bringen und zu erwarten, dass das Tier ein anderes Verhalten zeigt, macht wenig Sinn. Das bedeutet nur Frust für Mensch und Tier.

10. Selbstreflexion – es geht nicht ohne sie!

Emotionen sind Vorgänge in unserem Körper, die uns helfen mit Alltagssituationen umzugehen und mit anderen nonverbal zu kommunizieren [15].
Sie beinhalten Gefühle (z.B. Wut, Trauer und Freude), körperliche Reaktionen (z.B. Lachen, Weinen) und Denkprozesse (z.B. entscheiden, interpretieren, vergleichen). Aufgrund unserer Emotionen können wir nonverbal mit anderen kommunizieren. Sowohl andere Menschen als auch manche Tiere können unsere Gefühle via Körpersprache, aber auch aufgrund von Lautäußerungen wahrnehmen. Bei der Selbstreflexion geht es nun insbesondere um die Denkprozesse.

Wenn ich während des Trainings wütend geworden bin, setze ich mich beispielsweise am Abend, wenn ich mehr Ruhe habe, hin und denke nochmal an das Ereignis, das mich stark emotional reagieren hat lassen. Meist taucht das Gefühl sofort wieder auf. Mir persönlich hilft es, meine Gefühle genau und bewusst anzuschauen. Ich bleibe dabei immer in der Beobachtungsrolle: wo spüre ich die Wut, die Trauer, den Frust im Körper, wie fühlt es sich an? Ich bin mir dieses Gefühls in meinem Körper bewusst und versuche es nicht loszuwerden. Ich rede mir die Wut nicht schön, ignoriere und verdränge sie nicht. Es geht in diesem Moment nicht darum nachzudenken, sondern um ein Wahrnehmen von dem, was gerade unbewusst abgelaufen ist. Wir alle kennen Situationen, in denen wir vor Wut kochten, während unsere Freunde, die gleichzeitig dasselbe erlebt haben, keine negativen Gefühle erlebten.

Der Unterschied könnte z. B. sein, dass wir diese Situation persönlich genommen haben, die anderen aber nicht. Wut ist ein völlig normales menschliches Gefühl. Wie wir damit umgehen, ist allerdings sehr wichtig. Schönreden oder Ignorieren hilft, wenn überhaupt, nur kurzfristig. Lasse ich es zu und beobachte das Gefühl weiterhin, ebbt es langsam ab und es taucht ein anderes Gefühl auf, das unter der Wut versteckt liegt, wie zum Beispiel Frust. Dann beobachte ich das Gefühl des Frustes, spüre es in mir, lasse es da sein und wenn dieses geringer wird, kommt vielleicht das Gefühl der Enttäuschung. Enttäuschung über das Gegenüber: das Tier oder den Menschen. Wenn ich aber genauer in mich hinein spüre, komme ich meist zu einem Gefühl, das auf mich gerichtet ist. In der Selbstreflexion geht es nicht darum, einen Schuldigen zu finden, das ist wirklich wichtig! Weder ich noch der andere sind schuldig.

Es geht lediglich darum zu sehen, was unter der ersten wütenden Reaktion liegt und das sind meist mehrere andere Gefühle. Gelegentlich entdeckt man dabei statt eines Gefühls auch einen unbewussten Glaubenssatz, wie etwa: „Ich kann das nicht. Ich werde das nie schaffen. Alle sind immer gegen mich. Ich werde nicht wertgeschätzt. Ich bemühe mich so, aber es reicht nie. Ich bin nicht gut genug. Ich habe keinen Einfluss." Auch der Glaubenssatz „Ich werde nicht geliebt" kann auftauchen. Glaubenssätze wurden uns meist schon früh in der Kindheit eingetrichtert oder wir haben sie uns selbst im Laufe unseres Lebens angeeignet. Als Erwachsene haben wir aber die Möglichkeit diese zu reflektieren. Dabei erkennen wir im Idealfall, dass es für Missverständnisse immer zwei Seiten braucht. Als Kind geben wir uns oft die Schuld oder schlussfolgern, nicht akzeptiert oder geliebt zu werden, selbst dann, wenn die Erwachsenen es gar nicht so gemeint hatten. Auch Gefühle der Überforderung können auftauchen.

Meiner Erfahrung nach finden nahestehende Menschen, aber auch Haustiere deine Schwachpunkte, deine blinden Flecken, am besten. Das muss ihnen nicht unbedingt bewusst sein, aber sie werden es häufig schaffen, die „richtigen" Knöpfe bei dir zu drücken, damit du deine Fassung verlierst. Sie sind wahre Meister darin diese aufzuspüren, meist völlig unbewusst. Aber sobald blinde Flecken nicht mehr blind sind, kannst du sie aufarbeiten oder zumindest bewusst damit leben. Dann verlierst du in Situationen nicht mehr die Nerven, sondern weißt, was in diesem Moment tatsächlich unter der Oberfläche deiner aufkochenden Wut abläuft. Du lernst mit der Zeit gut damit umzugehen, kannst daran wachsen und im Optimalfall kommen diese Situationen mit der Zeit immer seltener vor. Ich setze dies seit über 20 Jahren um und bespreche dies in meinen Reiki-Kursen. Auch Mentaltrainer*innen helfen, wenn Hilfe und Unterstützung benötigt werden.

Kapitel 5 – Bindung: der Schlüssel für den Umgang mit unseren Tieren

Wir pflegen Beziehungen meist zu mehreren Menschen oder Tieren.
Eine Bindung ist dagegen intensiver. Sie lässt sich als eine enge und überdauernde emotionale Beziehung von Kindern zu ihren Eltern oder anderen Bezugspersonen definieren [16]. Auch Tierbesitzer*innen sind oder können Bindungspersonen für ihre Tiere sein. Als tiergestützte Fachkraft baust du eine sichere Bindung mit dem Tier auf. So kann sich das Tier bei dir wohl und behütet fühlen und dabei neugierig auf die Kundschaft reagieren und mit ihnen interagieren. Eine gute Bindung kann sich also nur entwickeln, wenn wir für die Tiere eine Umgebung schaffen, die Sicherheit und Schutz bietet und Stress reduziert. Lebewesen, deren Grundbedürfnisse nicht gedeckt sind und auf deren Körpersprache nicht eingegangen wird, erfahren körperlichen und psychischen Stress.

Mit Tieren zu arbeiten, birgt immer ein gewisses Risiko, weil sie in Gefahrensituationen instinktiv reagieren. Ein Tier, das unter Dauerstress steht, kann besonders gefährlich werden. Eine sichere Bindungsperson ist zuverlässig, vermittelt Sicherheit und überlegt sich im Vorhinein ein tiergestütztes Setting, indem sich auch das Tier wohl fühlt.
Sollte es dennoch zu einer unangenehmen Situation kommen, muss sie die Fähigkeiten besitzen, das Tier aus dieser Situation herauszuholen. Das gilt selbstverständlich auch für die involvierten Menschen.

Eine Bindungsperson ist feinfühlig, nimmt die Körpersprache ihrer Tiere wahr und reagiert auf diese entsprechend. Tiere, mit denen wir eine gute Kommunikation haben und die trainiert werden, sind meist sehr motiviert bei der Arbeit. Ihnen macht die Arbeit mit Menschen sichtlich Freude.

1. Warum sind meine Tiere so motiviert bei der Arbeit?

Die Selbstbestimmungstheorie von Deci/Ryan [17] ist eine empirisch fundierte Theorie zur Motivationsbereitschaft beim Menschen, die meiner Meinung nach am besten beschreibt, wie ich intuitiv mit meinen Tieren bisher gearbeitet habe und immer noch arbeite. Ich erlaube mir – aufgrund meiner Erfahrung mit meinen eigenen Tieren – die Theorie hier generell auf Lamas und Alpakas zu übertragen.

Folgende psychologische Bedürfnisse sind nach dieser Theorie für eine intrinsische und eine extrinsische Motivation wesentlich:

- ☐ Bedürfnis nach sozialer Zugehörigkeit („ich gehöre dazu"),
- ☐ Bedürfnis nach Wirksamkeit („ich kann es") und
- ☐ Bedürfnis nach Selbstbestimmung („ich kann mitentscheiden").

Soziale Zugehörigkeit:

Wenn Lamas und Alpakas in einer harmonischen Herde leben und gemeinsam unterwegs sind, wirkt das beruhigend und stärkend auf jedes einzelne Tier. Daher beginne ich mit dem Training erst, wenn sich die Tiere bereits in der Herde gut eingelebt haben.

Bedürfnis nach Wirksamkeit:

Meine Lamas und Alpakas gehen gerne bei den Wanderungen mit. Das erkenne ich daran, dass sie beim Tor bereitstehen, sobald Kundschaft vor dem Gehege wartet. Die Wanderung ist für sie positiv besetzt, weil sie richtig trainiert wurden, weil sie nicht überfordert werden und weil wir Fresspausen für sie einlegen. Der jetzige Lama-Chef Salvatore will oft als Erster mitgehen und vertreibt dann spuckend alle anderen Tiere vom Tor, wenn sie sich vorbeidrängeln wollen. Während der Corona-Lockdowns musste ich mich manchmal beim Tor hineinschleichen, weil sie alle hinauswollten. Vor der Pandemie hatten sie dieses Verhalten nie gezeigt, wenn ich allein kam. Ihnen war während der Lockdowns sichtlich langweilig. Sobald eine Gruppe von Menschen vor dem Tor steht, warten sie manchmal geduldig und manchmal weniger geduldig beim Tor. Lamastute Coco versucht mitunter das Tor mit einem Vorderbein zu öffnen, Alpaka Pato summt lautstark im Hintergrund und Alpaka Diego streckt seinen Kopf über das Tor und schaut uns gebannt zu. Bei der Wanderung genießen sie, wie bereits erwähnt, die Büsche am Wegesrand, um sich zu kratzen, und ebenso regelmäßige Fresspausen. Manche beschnuppern zwischendurch neugierig ihren mitwandernden Menschen.

Bedürfnis nach Selbstbestimmung:

Wenn ich meine Tiere trainiere, achte ich immer darauf, dass sie ein Mitbestimmungsrecht haben. Zuallererst ist es wichtig, den Tieren die Möglichkeit zu geben, „Nein" zu sagen bzw. ihre Grenzen aufzuzeigen.
Will ein Kleinkind seine Zähne nicht putzen, wird es seine Meinung nicht ändern, nur weil ich es festhalte, zwinge und vielleicht dabei verletze. Genauso wenig werde ich als Mutter abwarten, bis seine Zähne von Karies befallen sind. Dasselbe gilt für unsere Tiere. Es braucht einen spielerischen, ungezwungenen Trainingsplan. Es steht außer Frage, dass Pflegemaßnahmen stattfinden werden. Beim Training, bei der Behandlung und bei unseren Aktivitäten gehe ich aber auf die Körpersprache der Tiere ein und lasse sie mitbestimmen. Ich habe eine Lamastute, deren Gelenke ihr immer wieder zu schaffen machen. Sie bleibt oft liegen oder legt sich hin, sobald ich sie halftere, sodass ich das Halfter gleich wieder löse. An manchen Tagen aber kommt sie zum Tor und signalisiert mir damit ihre Bereitschaft mitzugehen.

Es kommt zwar selten vor, aber manchmal wollen Tiere bei der zweiten (und letzten) Wanderung des Tages nicht noch einmal mitgehen. Dann legen sie sich ins hinterste Eck des Geheges und beobachten, wie alle anderen gehalftert werden. Dieses Verhalten hat aber erst im 7. Jahr meiner Tätigkeit begonnen. Meine Tiere werden natürlich auch älter.
Seit einiger Zeit habe ich mehr Tiere, als ich auf meinen Wanderungen benötige. Konkret kann ich immer drei Tiere zusammen zurücklassen. Das hat den zusätzlichen Vorteil, dass kein Mensch ohne Tier gehen muss, wenn ein Tier sich kurzfristig verletzt hat, erkrankt ist oder keine Motivation hat, mitzukommen. Tiere brauchen genauso wie wir das Gefühl, Kontrolle über eine Situation zu haben. Bei kleinen Tieren kann man das leicht übersehen, wenn man deren

Körpersprache nicht versteht. Ein Lama oder Alpaka, das in einer Situation Angst hat und von uns auch noch zusätzlichen Stress bekommt, ist aufgrund seiner Größe nicht ungefährlich.
Das Tier wird uns zeigen, ob es eine Situation als angenehm erlebt oder sich unwohl fühlt. Hierbei muss es wissen, dass es mitbestimmen darf. Entweder hole ich das Tier aus der Situation heraus oder wir finden gemeinsam eine Lösung, um den entstandenen Stress abzubauen. Folgendes Beispiel illustriert das: Wenn noch unerfahrene Lamas bei einer Wanderung plötzlich nervös werden, übernehme ich den Führstrick. Das Tier will sich in einem größeren Aktionsradius bewegen. Deswegen lockere ich den Führstrick, sodass es um mich zu kreisen beginnt. So hat das Tier die Möglichkeit, den Stress durch Bewegung abzubauen. Dabei atme ich tief aus und bleibe betont entspannt und ruhig. Das Tier wird langsamer, bleibt stehen und kann sich ebenfalls wieder entspannen. Beim Thema „Wandertraining" komme ich nochmal auf dieses Bedürfnis nach Selbstbestimmung zurück.

2. Wie Hormone unser Lernen und das unserer Tiere beeinflussen

Genau wie es bei uns der Fall ist, schüttet auch die Nebennierenrinde bei Lamas und Alpakas in Stresssituationen das Hormon Cortisol aus. Der Cortisolgehalt kann bei kurzfristig auftretenden Stresssituationen im Speichel der Tiere gemessen werden; wenn der Stresszustand lange andauert, auch im Kot. Ebenso sind Veränderungen beim Puls und beim Herzschlag messbar.
In früheren Studien haben Neurowissenschaftler erkannt, dass das Stresshormon Cortisol die Lernfähigkeit des Gehirns hemmt. Ständiger Stress und nicht gedeckte Grundbedürfnisse halten den Cortisolgehalt hoch. Das macht es unmöglich, ein Tier gut zu trainieren. Bei einer solchen Ausgangslage, Tiere in die Arbeit mit Menschen einzubeziehen, kann es durchaus gefährlich werden und das ist weder für Mensch noch für Tier angenehm.
Doch Stress ist nicht per se schlecht, das gilt auch für Lernsituationen. Unter bestimmten Umständen kann er den Lernerfolg sogar steigern. In einer Studie der Ashridge Business School [18] zeigte sich, dass Führungskräfte leichter lernten, wenn sie in Stresssituationen gebracht wurden, die ihren Herzschlag erhöhten, weil sie Konflikte, schwere Entscheidungen und unangenehme Gespräche erlebten. Sie werden emotional gefordert und müssen ihre Komfortzone verlas-

sen. Ist das jetzt ein Widerspruch? In diesem Fall nicht, denn entscheidend war, dass der Stress in einem sicheren Rahmen stattfand. Unter idealen Rahmenbedingungen lernt man richtig mit Stress umzugehen. Die Testteilnehmer*innen wuchsen über sich hinaus und erlebten Erfolg. Mit dieser Erfahrung können sie künftig gelassener auf Herausforderungen reagieren.
Tiere richtig zu trainieren bedeutet für mich, sie achtsam und empathisch im geschützten Umfeld herauszufordern, sodass sie immer entspannter im Umgang mit den Herausforderungen des Lebens werden. Gleichzeitig ist es wichtig, ein Trainingsziel in viele kleine Zwischenschritte aufzuteilen, sodass man die Tiere langsam an die Aufgabe gewöhnt, ohne sie zu überfordern. Die Erkenntnis, dass Herausforderungen nicht per se schlecht sind, erwähne ich deswegen, weil ich manchmal von Tierschützer*innen, Teilnehmer*innen, aber interessanterweise auch von Teilnehmer*innen der Ausbildung für tiergestützte Aktivitäten mit Lamas und Alpakas höre, dass man die Tiere in Ruhe lassen sollte, wenn sie unglücklich mit gewissen Aktionen sind. Dies geschieht meist, wenn die Teilnehmer*innen die Pflegemaßnahmen, die ich vorgezeigt habe, durchführen sollen. Das ist der Moment, in dem Menschen vom Beobachten ins Tun übergehen und dabei ihre Komfortzone verlassen müssen. Natürlich macht einem ein stampfendes Lama Angst, aber durch das Training sollen ja sowohl Tier als auch Mensch im Umgang entspannt werden. Vergessen wir nicht, dass Tiere, die man „in Ruhe lässt", trotzdem gepflegt und behandelt werden müssen. Die Tiere nicht zu trainieren, bedeutet, dass jeder notwendige Umgang mit ihnen zur Qual für alle Beteiligten wird. Wir müssen also unsere Angst überwinden und die Tiere langsam an unsere Berührungen und unser Handling gewöhnen.

3. Empathie – eine wichtige Grundlage

„Du verstehst einen Menschen erst dann richtig, wenn du die Dinge aus seiner Sicht betrachtest. Bis du in seine Haut schlüpfst und in ihr herumläufst." Das las ich mit 17 Jahren im Roman "Wer die Nachtigall stört" von Lee Harper. Dasselbe Zitat wende ich nicht nur bei Menschen, sondern auch bei Tieren an. Nimmt mich jemand in den Schwitzkasten, während ein anderer nach meinem Bein greift, dann würde ich nicht einfach ruhig dastehen und alles über mich ergehen lassen. Manche erstarren, manche kämpfen, das gilt für Mensch und Tier gleichermaßen. Erstarren bedeutet definitiv nicht, dass es dem Tier gut

geht. Trainiere ich mein Tier vorab in kleinen Trainingsschritten, ist das Festhalten am Hals schließlich nicht mehr notwendig. Dann kann es ruhig am lockeren Führstrick oder auch im Pflegestand stehen. Das ist für mich wesentlich sicherer als ein Tier, das in Panik verfällt.
Für eine innige, respektvolle Beziehung zu deinem Lama oder Alpaka musst du auf seine Körpersprache richtig reagieren. Natürlich reicht es nicht aus, dies nur ein einziges Mal zu tun. Für Tiere ist jeder Moment neu und jederzeit anders. Du musst ihr Vertrauen also jeden Tag von Neuem gewinnen bzw. beibehalten.

4. Bindungsaufbau, die Essenz der Beziehung zu meinen Tieren

Um dir ein Gefühl für meine Tiere und meine Arbeit zu vermitteln, erzähle ich über die Ankunft meiner zwei Lamastuten Coco und Inka. Das geschah Jahre, nachdem ich meine Hengste kastriert hatte. Intakte Lama- und Alpaka-Hengste müssen von Stuten getrennt gehalten werden, ebenso Wallache, die Stuten bespringen. Selbst wenn Letztere nicht fähig sind, Nachkommen zu zeugen, können sie die Stuten verletzen und mit ihrem Verhalten stressen.
Im Folgenden lasse ich meine Tiere ebenfalls zu Wort kommen, denn ich halte es für wichtig, sich in die Tiere hineinzuversetzen und ihre Perspektive einzunehmen. Ich versuche ihre Wahrnehmungen, da es anders nicht möglich ist, in unserer Sprache und mit unseren Begrifflichkeiten wiederzugeben. Das birgt natürlich die Gefahr der Vermenschlichung. Dennoch hoffe ich, die richtigen Worte zu finden, damit das nicht passiert. Auch Personen, die (noch) keine Lamas oder Alpakas besitzen oder sich schwer damit tun, sich in ein Tier hineinzuversetzen, können wertvolle und hilfreiche Erkenntnisse gewinnen. Solche Perspektiven tragen dazu bei, dass die Teilnehmer*innen meiner Kurse sich besser in die Tiere einfühlen können.

Tag 1 - Cocos & Inkas Ankunft bei der Lama Lady

Heute ist der Tag, an dem Coco und Inka zu uns kommen. Die Weide, die heute Cocos und Inkas neues Zuhause wird, liegt im Gemeindegebiet von Maria Anzbach in Niederösterreich, zwischen Wien und der niederösterreichischen Landeshauptstadt St.Pölten. Die Sonnenstrahlen glitzern auf den noch vom

Tau benetzten Blumen und Gräsern der Weide. Man erahnt bereits den herrlichen Sommertag, der vor uns liegt. Wildbienen summen über den Erdlöchern, in denen sich ihre Nester verbergen, um danach von einer Blüte zur nächsten zu fliegen. Die Blumen strecken ihre verschiedenfarbigen Blüten der Sonne entgegen und verströmen einen betörenden Geruch. Ganz besonders der wilde Majoran. Er verleiht der Weide einen Hauch Mittelmeerklima.

Diego liegt ausgestreckt auf der Weide und atmet ganz ruhig durch seine Nase ein und aus. Genau genommen kann er gar nicht anders atmen, denn er gehört zu den Lebewesen, die obligate Nasenatmer sind, d. h. sie müssen über die Nase atmen. Kaninchen, Pferde, Lamas, Alpakas, aber auch unsere Säuglinge bis ins Alter von sechs Monaten tun dies. Diego ist ein siebenjähriger Alpakawallach. Sein Kopf und sein Rumpf sind braun. Quer über der Stirn hat er einen weißen Haarstreifen. Auf der Nasenspitze befindet sich ein herzförmiger weißer Fleck und der Hals ist vorwiegend weiß mit braunen Punkten. Außerdem sieht es aus, als würde er an den Vorderbeinen hohe weiße Stutzen und an den Hinterbeinen kurze weiße Socken tragen.

Sein Freund Rico, ein ganz braunes Alpaka mit drei kleinen weißen Flecken auf der Brust, die man nur sieht, wenn man zwischen seinen Vorderbeinen durchschaut, legt sich zwei Meter entfernt nieder und summt zufrieden. Während die Tiere die Sonne genießen, bin ich in Wien, im Palais Auersberg, beim Kinderliteraturfestival eingeladen. Dort halte ich vor vielen Schulkindern und Rudi, dem Radiohund, einen kleinen Vortrag über meine Lamas und Alpakas. Das allein ist schon sehr aufregend für mich, aber der Tag verspricht noch spannender zu werden. Denn am Nachmittag kommen meine beiden neuen Lamastuten Coco und Inka zu mir auf die Weide.

Der Tag beginnt für die Lamastuten Coco und Inka wie jeder andere auch. Ausgeruht knabbern sie am Heu, beobachten ihre Umgebung und die anderen Mitglieder der Herde. Irgendetwas liegt allerdings in der sonnendurchfluteten Luft, nimmt Coco wahr, wobei sie nicht ahnt, was es sein könnte. Ihr Besitzer geht auf sie zu, halftert beide Stuten an und führt sie zu einem kleinen Raum. Inka ist skeptisch. Dieser Raum ist ihr eindeutig viel zu eng und er riecht auch ungewöhnlich. Was immer der Mensch auch vorhat, denkt sie sich, da gehe ich nicht rein. Coco, die sich immer an Inka orientiert, tut es ihr gleich. Erst als Inka mit viel Geschick überzeugt werden kann, folgt ihr Coco, als wäre nichts

gewesen. Denn, wo auch immer Inka hingeht, da will auch Coco sein.
Die Türen werden verschlossen und nach kurzer Zeit bewegt sich der ganze Raum unter ihren Füßen. Erschrocken legen sich die beiden Tiere zu Boden und bleiben liegen, bis 30 Minuten später der Pferdeanhänger, in dem sie sind, wieder zum Stillstand kommt. Die Türen öffnen sich und es dringen ganz neue Gerüche in die Nasen der Lamastuten. Vorsichtig beäugen sie die Umgebung, aber nichts kommt ihnen bekannt vor. Ihr Besitzer und eine unbekannte Frau mit wilden, lockigen Haaren führen sie aus dem Anhänger ins Gehege und halftern sie dort ab. Diese unbekannte Frau, stellt Coco später fest, ist ihre zukünftiger Besitzerin, die sie umsorgen und ihr neue Sachen beibringen wird. Lassen wir nun Coco weiter zu Wort kommen.

„Coco, wie ist das heute für dich?“ „Wir sind an einem Ort, an dem es ganz viele verschiedene und neue Gerüche gibt. Auf der angrenzenden Weide inmitten von saftigem Grün stehen Artgenossen und Tiere, die wesentlich kleiner sind als wir, aber deswegen nicht weniger bedrohlich auf mich wirken. Ein Lama fällt mir gleich auf. Es ist wunderschön, hat ein weißes Fell mit braunen Punkten und ist das einzige Weibchen inmitten lauter kastrierter Männchen. Inka und ich schauen uns zuerst neugierig um. Wir finden das Heu, das Wasser und riechen am Kot der anderen, um Informationen über die Tiere, die hier leben, zu sammeln. Dann gehen wir gemeinsam an den Zaun, der beide eingezäunten Weiden voneinander trennt, und schauen uns die anderen Tiere mal genauer an. Einige auf der anderen Seite sind noch nervöser als wir. Als die unbekannte Frau nach 30 Minuten das Tor öffnet, laufe ich sofort hinüber, um mich vorzustellen und von dem saftigen Gras zu fressen. Doch plötzlich umringen mich all diese neuen Tiere gleichzeitig und jeder beschnuppert mit seiner Nase meinen Körper.
Das ist mir dann doch zu viel. Ehrlich gesagt finde ich die Herde sogar ziemlich unhöflich, daher habe ich gleich mal meine Nase ganz hoch in die Luft gehalten, meine Ohren angelegt und gespuckt.

Doch das half nicht. Also bin ich zu dieser Frau gelaufen und habe mich hinter ihr versteckt. Ihr hättet in diesem Moment in ihre blauen Augen sehen sollen, ich glaube, sie ist bereits in mich verliebt.“ Wie wahr. Coco ist entzückend! Anstatt zurück zu Inka zu laufen, steht sie ganz knapp hinter mir, sodass ich ihr Schutzschild zu den anderen Tieren bin. Sie steht so nah, dass ich sie berühren könnte, aber das mache ich nicht. Ich will sie nicht genauso bedrängen, wie meine Tiere das gerade getan haben, und will erst ihr Vertrauen gewinnen. Sie scheint aber schon Vertrauen zu mir gefasst zu haben und das nach nur 30 Minuten auf meiner Weide. Das ist sehr ungewöhnlich und dafür bin ich dem Vorbesitzer sehr dankbar. Ein Jahr später erlebte ich eine ganz ähnliche Situation mit meinem Lama-Neuzugang Rossini. Auch er suchte hinter mir Schutz, weil er sich erst mit Salvatore arrangieren musste.

Tag 2 - Coco & Inka bei der Lama Lady

Am nächsten Tag beobachte ich, dass die ranghöchsten Lamawallache immer noch Abstand zu den Neuankömmlingen halten. Nur Caral, meine bisher einzige Lamastute, hat sich gleich den neuen Mädels angeschlossen. Sie scheint froh zu sein, endlich wieder weiblichen Anschluss zu haben. In den letzten Jahren war sie allerdings immer Teil der Herde. Nie hatte ich das Gefühl, sie wäre aufgrund ihres Geschlechts ausgegrenzt oder benachteiligt gewesen. Sie pflegt eine besondere Freundschaft zu Salvatore. Oft sah ich sie in der Nähe voneinander grasen oder liegen. Caral war von Anfang an sehr resolut und konnte sich gut gegenüber den Wallachen durchsetzen. Wenn es ihr zu bunt wurde, hat sie einfach gespuckt, was das Zeug hielt. Und sie hat recht viel im Magen, wenn es darauf ankommt. Das fanden die Jungs dann nicht so toll und ließen sie in Ruhe. Es liegt aber in der Natur der Lamas, dass sich die Weibchen zu Gruppen zusammenschließen. Im Nachhinein gesehen, hätte ich ihr schon früher Freundinnen zur Seite stellen sollen.

„Ich habe ziemlich schnell herausgefunden, dass die kleineren Tiere dieselbe Sprache sprechen wie wir" bemerkt Coco. „Einige von ihnen sind allerdings sehr frech und nervig. Sie sind mir oft zu nah und verdrängen mich von der Raufe. Besonders einer. Er scheint nichts zu hören und benimmt sich wirklich unerzogen." Ja Coco, ich fürchte du wirst dich mit Alpaka Pato arrangieren müssen. Es steckt ein Löwenherz in diesem kleinen Körper.

5. Meine Bedürfnisse versus die Bedürfnisse meiner Tiere

Die Arbeit mit Tieren ist immer eine feine Gratwanderung zwischen Verständnis und Liebe gegenüber den Eigenheiten, dem Charakter und den artspezifischen Besonderheiten eines Tieres und dem Zu-sich-selbst und seinen eigenen Bedürfnissen stehen. In einer Mensch-Tier-Beziehung, wie in jeder Beziehung, sollte es immer darum gehen, dass es beiden Seiten gutgeht und dass Respekt und Nutzen auf beiden Seiten vorhanden sind.

Alpaka Diego, den ich bereits weiter oben beschrieben habe, ist ein sehr zuverlässiger, unkomplizierter Wandergefährte, der Alt und Jung beim Wandern große Freude bereitet. Wenn die Tiere aber auf der Weide sind, nenne ich Diego gerne „Mr Grumpy“ also „Herr Grantig“. Egal, ob er liegt oder steht, er kann es nicht ausstehen, wenn einer seiner Tierfreunde oder ein Mensch zu knapp an ihm vorbeigeht. Dann gibt er knurrende Laute von sich, die sich wellenförmig in hohen und tiefen Tönen ausdrücken. Daher halte ich immer bewusst circa einen Meter Abstand, wenn ich an ihm vorbeigehe. Ich verstehe, liebe und akzeptiere die Eigenheiten meiner Tiere, denn – das muss ich zugeben – ich habe ja auch welche.

Nur zu frech werden darf er nicht, denn dann überschreitet er meine Grenzen. Ein bis zwei Mal im Jahr gibt Diego seine ärgerlichen Laute von sich, obwohl ich genügend Abstand zu ihm einhalte. Dann streckt er die Nase nach oben Richtung Himmel und legt die spitzen Ohren an den Hals. Die Körpersprache der Lamas und Alpakas ist wirklich sehr klar, sobald man sie kennt. In diesem Fall droht er mir zu spucken, sollte ich noch näherkommen. In solchen Momenten wird mir sein Verhalten zu bunt und ich gehe bestimmt auf ihn zu und stelle mich neben ihn. Er gibt dann immer nach, dreht sich weg und spuckt nicht. Damit hat er genau das Gegenteil von dem erreicht, was er wollte. Danach habe ich wieder monatelang Ruhe, und er akzeptiert, dass er sich bei mir nicht alles erlauben darf. Menschen, die hier unsicher sind, spuckt er gelegentlich an. Wichtig ist, sich in solchen Situationen nicht vom Spucken vertreiben zu lassen. Hätte Diego mich angespuckt, wäre ich ihm dennoch nähergekommen und nicht ausgewichen. Es ist notwendig seine eigenen Grenzen klar abzustecken. Das ist für eine gute Zusammenarbeit essenziell und vereinfacht vieles. Weder soll einem das Tier auf der Nase herumtanzen und sich ständig wichtig machen, noch sind Tiere Roboter, die alle menschlichen Befehle erfüllen müssen.

Kapitel 6 - Training

Für ein erfolgreiches Training sind folgende Punkte entscheidend.

- Das richtige Mindset
- Ein fundiertes Wissen über die Tiere
- Das Verständnis dafür, dass sie anders sind als wir
- Kleine, positiv abschließende Trainingsschritte

Ich erhebe nicht den Anspruch, dass die folgenden Techniken, die einzig richtigen sind. Da sie aber bei all meinen Tieren sehr gut funktioniert haben, möchte ich sie hier teilen. Wichtig ist dabei stets das richtige Mindset als Grundlage aller Handlungen.
Bei der Umsetzung der Pflegemaßnahmen für meine Tiere war ich von Anfang an auf mich allein gestellt. Im Nachhinein bin ich dafür sehr dankbar. Ist eine zweite Person anwesend, fühlen sich die Tiere oft leichter unter Druck gesetzt. Einer hält fest, während der andere die Maßnahmen umsetzt. Ich musste mit Training, viel Zeitaufwand und Geduld meinen Tieren beibringen, dass es ihnen guttut, wenn ich sie behandle und pflege.

Beim Training rate ich grundsätzlich davon ab, jede kleine Handlung des Tieres mit Leckerlis zu belohnen. Lamas und Alpakas, die gierig auf Leckerlis warten, können spucken, wenn man ihrer Ansicht nach nicht schnell genug mit dem Verteilen ist oder wenn sie befürchten, dass du ihnen die Leckerlis wieder wegnimmst. Ich habe auch das Gefühl, dass sich ihr Fokus dadurch mehr aufs Futter verlagert als auf die Interaktion zwischen Mensch und Tier. Deswegen gebe ich ihnen erst dann ein Leckerli (und zwar Wiesenkräuter), wenn das Training abgeschlossen ist. Vergesse ich einmal darauf und halftere sie ab, laufen sie nicht weg, sondern schauen mich erwartungsvoll an und warten noch auf ihre Belohnung.

1. Das erste Training mit Neuankömmlingen

In den ersten zwei bis vier Wochen nach Ankunft eines neuen Tieres beginnt das Training, ohne, dass es einen expliziten Startzeitpunkt gibt. Ich bin einfach präsent. Ich bewege mich auf der Weide zwischen den Tieren, ich entferne den Kot, fülle das Wasser nach, lockere das Heu auf und nehme wahr, wie das Tier mich dabei beobachtet. Ich gebe ihm Zeit, sich an die neue Umgebung, die neuen Herdenmitglieder und mich zu gewöhnen. Der soziale Stress ist nicht zu unterschätzen, der in den ersten Tagen, manchmal Wochen, auf ein neues Tier einwirkt. Auch wenn manche Tiere das geschickt verbergen können. Da Lamas und Alpakas sogar Krankheiten sehr gut verbergen können, muss man einfach akzeptieren, dass die Tiere nicht immer leicht zu lesen sind. Alles ist neu für sie und muss erst verarbeitet werden. Da wir Menschen auch soziale Tiere sind, zumindest aus der Sicht der Biologen, kann ich das gut nachempfinden. Wenn ich jetzt auch noch zeitlichen Druck ausübe, sind Probleme vorprogrammiert. Ein gestresstes Tier gleich zu halftern, um die neue Umgebung außerhalb der Weide zu erkunden, halte ich nicht für sinnvoll, auch wenn das viele machen. Meist endet so ein Ausflug damit, dass jemand am Hinterteil anschiebt, um das Tier zum Weitergehen zu bewegen. Diese Taktik setze ich höchstens dann ein, wenn es einen medizinischen Notfall gibt und ein Tier in die Tierklinik muss. Die Dauer der Eingewöhnungsphase mache ich immer vom jeweiligen Tier abhängig, mindestens jedoch gebe ich den Tieren zwei Wochen Zeit. Ich sehe keinen Grund, ihnen diese Zeit nicht zu gewähren. Manche empfehlen, die Tiere sofort einzusetzen, damit sie wissen, was hier ihre Aufgabe ist. Aber meiner Erfahrung nach sind die Tiere sehr lernbereit. Außerdem beobachten sie uns und die anderen Tiere und sehen genau, was wir gemeinsam machen. Ich habe achtjährige Tiere bekommen, die vorher nur wenige Male außerhalb der Weide geführt worden sind und erst bei mir alles gelernt haben. Jetzt sind sie sehr entspannte Begleiter. Andere Tierarten brauchen vielleicht länger Zeit zum Eingewöhnen. Lamas und Alpakas sind bei der Eingliederung in eine neue Herde meist recht unkompliziert. Nur Wallache und Hengste können meiner Erfahrung nach länger brauchen, bis sich die Rangordnung neu etabliert hat. Hierbei sei erwähnt, dass meine Tiere keine Notfalltiere sind. Das heißt, ich habe keine Tiere, die schlecht sozialisiert oder völlig vernachlässigt wurden und dadurch ein gestörtes Verhältnis zu Menschen und anderen Tieren aufgebaut hätten.

2. Halfter-Training

Zwei Wochen nachdem die ersten Tiere zu mir kamen, versuchte ich, sie erstmals allein zu halftern. Bei Züchter*innen und Halter*innen hatte ich beobachtet, dass die Tiere zuerst in eine Ecke oder einen kleinen Raum getrieben wurden, um sie dann einzufangen und zu halftern. Also versuchte ich dasselbe. Mein Herz schlug mir bis zum Hals, so aufgeregt war ich. Was, wenn es nicht funktioniert und sie ständig an mir vorbeilaufen? Was, wenn ich angespuckt oder getreten werde?

So ging ich auf die Tiere zu, die Arme seitlich vom Körper weggestreckt, und trieb sie in den Bereich zwischen Zaun, Tor und der Wand des mobilen Stalls. Wenn sie nicht auf die Idee kommen, mich umzulaufen, können sie hier nicht mehr fliehen. Das funktionierte erstaunlich gut, denn die Tiere ließen sich zusammentreiben, und keiner versuchte direkt auf mich zuzulaufen und mich umzurennen. Es gelang mir, ein Lama zu halftern, während die anderen die Flucht ergriffen. Das Tier mit dem erfolgreich angelegten Halfter erhielt zur Belohnung gehäckselte Wiesenkräuter. Im Anschluss halfterte ich es gleich wieder ab. Ich atmete tief aus und bedankte mich innerlich bei mir selbst, dass ich als Einsteigerin halfterführige Tiere von erfahrenen Züchtern gekauft hatte. Um die Situation wahrheitsgetreu wiederzugeben, sei erwähnt, dass sich genau genommen nur vier meiner fünf Tiere zusammentreiben ließen.

Eines stand unbeweglich da und blickte von oben auf mich herab:
Lama Salvatore. Egal, wie sehr ich hinter ihm herumzappelte, mit den Armen schwang und laut rief oder klatschte, er blieb unbeeindruckt und felsenfest stehen.

Nachdem es damals 56 kg gegen 150 kg stand, war mir klar, dass ich mir etwas anderes einfallen lassen musste. Daher holte ich das Halfter, ging auf ihn zu, legte ruhig meinen Arm um seinen Hals und halfterte ihn an Ort und Stelle an. Kein Weglaufen, kein in die Enge treiben, kein Schnelles an den Hals fassen. Das gefiel mir wesentlich besser. Ich war Salvatore dankbar, dass er mir zeigte, wie es auch ganz anders ging. Salvatore bezeichne ich als mein Seelenlama. Wir haben eine besonders vertrauensvolle Bindung.
Du siehst, es ist also nicht immer schlecht, wenn die Dinge nicht nach deinem oder meinem Kopf gehen. Sie können sich sogar zum Besseren entwickeln.

Mittlerweile geschieht Folgendes: Zuerst stehe ich mit einem Lama vor dem Eingangstor zur Weide, um unseren Besuchern den richtigen Umgang zu erklären. Währenddessen warten einige Lamas und Alpakas schon am Tor. Sobald ich hineingehe und beginne diese Tiere anzuhalftern, stellen sich weitere am Tor an. Die anderen rufe ich beim Namen oder gehe zu ihnen hin. Alpaka Diego steht normalerweise als einer der Ersten am Tor, bereit mitzugehen. Selten muss ich ihn rufen. Wenn er dann aber seinen Namen hört, geht er noch kurz zur Klostelle, erleichtert sich und stellt sich danach an. Er ist sehr vorausschauend.

Nachdem Coco und Inka bereits halfterführig waren, erzähle ich von Marleys Training. Als Alpaka Marley im Alter von vier Jahren zu uns kam, war er sehr schreckhaft. Er kam aus einer guten Zucht, hatte aber kaum Erfahrung mit dem Halfter, keine mit Wanderungen und zu Menschen hielt er immer einen großen Sicherheitsabstand. Gleichzeitig, davon konnte ich mich beim Züchter überzeugen, war er sehr gutmütig. Als er sich dort beim Halftern recht wild aufführte und so hochsprang, wie ich noch nie ein Alpaka springen sah, musste ich abklären, ob er auch schnell spuckt. Ich machte daher etwas, dass die Tiere überhaupt nicht ausstehen können. Ich hielt den Führstrick kurz und streichelte ihn. In Erwartung, dass mein Gesicht sich in einer hundertstel Sekunde grün färben würde, wurde ich glücklicherweise eines Besseren belehrt. Marley ertrug die kurzen Streicheleinheiten. Er war definitiv nicht begeistert und auch nicht glücklich, aber seine Wildheit beschränkte sich aufs Hüpfen. Da wusste ich, dass er zwar eine Herausforderung sein würde, aber eine, die ich gerne annehmen wollte. Ein Tier, das hüpft und spuckt, wäre für meine Arbeit nicht gut gewesen, da geht es ihm in einer großen Herde ohne Aufgaben besser.
Es war mir bewusst, dass Marley sich vielleicht nie streicheln lassen würde. Auf meiner Weide kam ich nicht einmal vier Meter in seine Nähe ohne, dass er aufsprang und weglief. Daher zeigte ich ihm in den ersten Wochen, dass von mir keine Gefahr ausgeht. Ich ließ ihn einfach in Ruhe. Das Wichtigste ist, wie gesagt, erstmals das Vertrauen der Tiere zu erlangen.
Wenn ein Mensch vorgibt, einfach nur vorbeizugehen, dann aber das Tier plötzlich anspringt und am Hals festhält, wird es den Menschen als unberechenbar einstufen. Leider ist das eine gängige Praxis bei (untrainierten) Tieren. Da sie sehr schnell lernen, werden sie fortan immer auf der Hut sein, sodass das Anspringen kaum mehr funktionieren wird. Es sei denn man konnte das Tier vorher in eine Ecke drängen. Das ist natürlich keine gute Basis für eine sichere

Bindung, weil hier das Vertrauen fehlt.
Marley ließ ich über einen Monat Zeit zum Eingewöhnen, dann besorgte ich einen schnell aufstellbaren Zaun und grenzte nur für die Zeit des Trainings das Gehege ein, um überhaupt in seine Nähe kommen zu können. Das ist natürlich sehr aufwändig. Besser ist es, einen bereits fixen Bereich zu haben, in den man die Tiere für das Training hineintreiben kann und einfach nur ein Tor zumachen muss. Im Idealfall ist das ein Bereich, in den sie auch für andere Zwecke geführt werden und den sie als angenehm empfinden, also kein reiner Trainingsbereich.
Als ich meine Weide um ein angrenzendes Stück Land erweitern konnte, stellten sich meine Tiere bereits beim Tor an, sodass ich so einen zusätzlichen Bereich nicht mehr brauchte. Als Marley hinzukam, fehlte dieser fixe Trainingsbereich zwar, aber nur für einige Monate. Zuerst trieb ich Marley vorsichtig und langsam in eine Ecke, aus der er nicht entkommen konnte. Langsam und ruhig näherte ich mich, um kurz davor wieder umzudrehen und wegzugehen. Ich hatte ihn nicht einmal berührt. Ich wiederholte dieses Prozedere an mehreren Tagen. Es ist immer spannend, auf die Reaktionen der Tiere zu schauen. Er sah mir jedes Mal verwundert nach.
Als er schon gut darauf reagierte, und nicht mehr so viel Angst zeigte, kam der nächste Schritt. Ich hielt kurz den Arm um seinen Hals, ohne ihn zu berühren und ging wieder weg. Dies ist notwendig, da beim Halftern immer eine Hand um den Hals gelegt werden muss. Das kann aber ohne Berührung erfolgen. Auch dies wiederholte ich einige Tage. Der nächste Schritt bestand darin, ihn zu berühren und dann wieder wegzugehen. Grundsätzlich hätte ich nicht so viele Wiederholungen pro Schritt gebraucht.
Wenn aber ein Tier große Angst zeigt, nehme ich mir beim Training lieber mehr Zeit. Danach habe ich ihm einige Tage hintereinander das Halfter über die Nase gestrichen und wieder heruntergenommen, ohne es zu schließen. Dann erst habe ich das Halfter erstmals geschlossen. Ich hätte Marley auch beim ersten Mal in die Ecke treiben, ihn festhalten und halftern können. Aber ich habe das Halftertraining bewusst in sehr viele, kleine Zwischenschritte aufgegliedert. Marley wäre ansonsten schon bei der ersten Berührung überfordert gewesen. Ein überforderter Marley springt wie wild herum. Das hätte uns beiden keinen Spaß bereitet. So viele Zwischenschritte sind sicherlich nicht bei jedem Alpaka (oder Lama) nötig. Er war das erste Alpaka, bei dem sich das Training derart in die Länge zog. Aufgrund seiner Schreckhaftigkeit wollte ich einfach jede Überforderung ausschließen, die das Training negativ besetzt hät-

te. So konnte ich die vielen Schritte immer positiv abschließen. Gleichzeitig haben ihm die vielen nahen Begegnungen mit mir gezeigt, dass ich ungefährlich und berechenbar bin. Anfänger*innen in der tiergestützten Arbeit rate ich zu halfterführigen Tieren. Wenn man noch keine Erfahrung mit den Tieren hat, erleichtert dies das Leben der Besitzer*innen und Tiere ungemein. Irgendwann kommen aber vielleicht doch Tiere, die nicht an das Halfter gewohnt wurden, und dann rate ich auf dieses Training zurückzugreifen.

3. Zehennägel schneiden

Ich erlebe immer wieder Halter*innen, die einmal im Jahr den Scherer oder die Schererin bitten, die Nägel der Tiere zu schneiden. Das ist viel zu selten. Ausnahmen bestätigen jedoch die Regel: Ich habe tatsächlich eine Lamastute, bei der die Zehennägel fast überhaupt nicht wachsen. Aber bei allen anderen Tieren müssen die Nägel mindestens alle zwei bis drei Monate geschnitten werden. Wenn sie nur auf der Weide stehen, ohne harten Untergrund, wird es häufiger notwendig sein, als bei Tieren, die häufig wandern. Zuerst müssen sie Folgendes lernen: Das Berühren und Aufheben des Fußes. Aber Achtung: Bitte lass dir das bei der Ausbildung oder bei einem Halterkurs von erfahrenen Lama- und Alpakahalter*innen zeigen.

Es ist wichtig, dass du richtig stehst, damit die Tiere dich dabei nicht verletzen, wenn sie aus einem Instinkt heraus hüpfen oder treten. Ebenso besteht die Gefahr, dass du sie verletzt, wenn du das Bein festhältst, obwohl sie sich mit dem ganzen Körper wegdrehen! Bei den Vorderbeinen stehe so, dass das Tier nicht nach vorne ausweichen kann.

Bei den Hinterbeinen stehe so, dass es dich beim Ausschlagen nicht verletzt. Mein Pflegebereich ist bei dem Haupttor. Ich binde meine Tiere an einem Pfosten fest, sodass sie mit einer Körperseite entlang des Tores stehen. So verhindere ich, dass sie in diese Richtung ausweichen. Ist ein Tier noch nicht daran gewöhnt, seine Beine zu heben, streiche ich mit einer Hand von der Höhe der Brust entlang des Vorderbeins nach unten. Soweit es geht. Dann gehe ich einen Schritt zurück, atme bewusst entspannt und warte, bis das Tier wieder ruhig wird. Darauf wechsle ich zum anderen Vorderbein und wiederhole den Vorgang. Wieder trete ich einen Schritt zurück und warte, bis das Tier ruhig ist.

Nachdem das Tier dich genau im Auge behält, ist es wichtig, selbst völlig ruhig und entspannt zu bleiben. Das Training ist für heute beendet, außer es bleibt recht entspannt, dann kannst du den nächsten Schritt ausführen. Dies ist vom Individuum abhängig. Ansonsten mache ich am nächsten oder übernächsten Tag weiter. Eine tägliche Steigerung wäre wünschenswert, aber wichtig ist, dass das Training stets positiv abgeschlossen wird. Übrigens, wenn ich mit beiden Beinen fertig bin und sehe, dass sich das Tier wieder beruhigt hat, gebe ich auch vorm Abhalftern gerne eine kleine Schüssel Wiesenkräuter zur Belohnung. Manchmal sind die Tiere zu aufgeregt, um zu fressen. Das wird sich mit jeder Trainingseinheit immer mehr legen. Mit der Zeit sollte man mit dieser Methode bis zu den Fußgelenken kommen, diese anheben und zum Schluss die Schwielensohlen berühren. Hat man das alles ohne große Aufregung des Tieres geschafft, kann man sich schließlich an das Schneiden der Zehennägel machen. Wie das richtig durchgeführt wird, erfährst du in einem Halterkurs. Der gleiche Vorgang gilt für die Hinterbeine. Je öfter man ihnen die Zehennägel schneidet bzw. sie kontrolliert, umso entspannter werden sie dabei. Mittlerweile gebe ich meinen Tieren erst eine Schüssel Leckerlis, wenn alle acht Zehennägel geschnitten wurden. Von meinen zehn Tieren nutze ich bei zwei Tieren den Pflegestand. Der hat zwar den Vorteil, dass sie gar nicht ausweichen können, aber den Nachteil, dass man sich selbst bei den Stangen leichter verletzt. Das eine Tier ist meine Stute Caral, bei der ich nur einmal im Jahr die Zehennägel schneiden muss. Das zweite Tier, Rossini, wiegt 200 kg und schiebt mich weg, als wäre ich eine Feder. Er spuckt und stampft auf, wenn ich seine Beine hebe, aber sobald ich ihn aus dem Pflegestand heraushole, stellt er sich vor mich und will gestreichelt werden.

4. Wandertraining

Hierfür möchte ich wieder auf meine beiden Lamastuten Coco und Inka zurückkommen: Jedes Mal, wenn ich mit meinen anderen Tieren in den ersten 14 Tagen nach der Ankunft der beiden auf eine Wanderung ging, standen Coco und Inka am Tor, schauten uns unruhig nach und summten dabei. Ich hatte das Gefühl, dass Inka und Coco schon bereit wären mitzugehen. Dass sie für zwei oder drei Stunden plötzlich allein im Gehege waren, irritierte sie sichtlich. Da beide das Anhalftern schon kannten und auch beim Vorbesitzer ein paar Wanderungen gemacht hatten, lud ich in den nächsten Tagen abwechselnd Freundinnen ein, und wir gingen mit beiden Tieren gleichzeitig spazieren. So verließen sie immer gemeinsam das Gehege. Trennungsstress von der gesamten Herde bzw. als Herdentier allein außerhalb des Geheges zu sein, um einen neuen Weg kennenzulernen, sind nicht die besten Voraussetzungen für ein entspanntes Training. Ein weiteres, erfahrenes Tier mitzunehmen, ist für gewöhnlich eine gute Idee.

Außerhalb der Weide ist alles neu. Als Fluchttiere sind Lamas und Alpakas ständig auf der Hut vor Gefahren. Sie hören ausgezeichnet und nehmen wahr, was für uns noch nicht im Blickfeld ist. Wie wir bereits wissen, kann es durchaus sein, dass ein Tier nicht weitergehen will, weil es etwas hört, das es noch nicht einschätzen kann.

Bei der ersten Wanderung mit Coco und Inka gingen wir ein kurzes Stück die Straße entlang, ein Auto fuhr zu schnell vorbei und Coco sprang erschreckt in den Straßengraben. Das war kein guter Start. Uns fiel auf, dass sie humpelte, also brachten wir sie wieder zurück auf die Weide. Das Humpeln war glücklicherweise nur von kurzer Dauer. Gleich bei der zweiten Wanderung zeigte sich, wie auch bereits auf der Weide beobachtet, dass Coco Inkas Schatten ist. Blieb Inka stehen, blieb auch Coco stehen. Wollte Inka weitergehen, war auch Coco mit von der Partie. Streikte Inka völlig, war ihr Cocos Gesellschaft sicher. Noch schlimmer wurde es, als ich die bisher so souveräne Lamastute Caral mitnahm. Sie hatte sich Inka sofort untergeordnet, und wenn Inka stand, wollten jetzt drei Stuten partout nicht weitergehen. Daher entschied ich, dass die drei nicht mehr gemeinsam hinausgehen würden. Bei den nächsten Wanderungen ohne Caral schafften wir immer etwas größere Wegstrecken. Ich legte auch bewusst Fresspausen für die Tiere ein. Sie sollten merken, dass sie von der Herausforderung auch etwas haben. Das motivierte die beiden Damen weiterzugehen. Sobald ich merkte, dass sie zögerlicher wurden, machte ich eine Fresspause und drehte danach um. Es sollte für sie angenehm bleiben, denn von ständigem Gezerre am Führstrick oder gar Anschieben der Tiere halte ich nichts. Keiner von uns will genötigt werden, etwas zu tun, für das er noch nicht bereit ist. Aber irgendwann war es so weit. Ich bat meinen Mann, die gebuchte Wanderung anzuführen, während ich und mein Sohn uns der Gruppe mit Inka und Coco am hinteren Ende anschlossen. Sollten die beiden streiken, konnten wir notfalls mit beiden Stuten umkehren. Glücklicherweise mussten wir das nicht, denn Coco und Inka gingen brav mit der Herde mit. Das Training war also erfolgreich.
Das Wandertraining mit Alpaka Marley gestaltete sich dagegen schon schwieriger. Ich startete sein Wandertraining im Gehege. Da er überhaupt nicht wusste,

was ich von ihm wollte, zog ich zuerst sanft und dann immer etwas fester am Strick. Sobald er einen Schritt machte, ließ ich den Führstrick sofort locker, strahlte über das ganze Gesicht und lobte ihn mit meiner Stimme. Sein verwirrter Blick war göttlich. Er machte noch einen Schritt und sah gleichzeitig zu mir her. Vielleicht um zu sehen, ob er diese Entzückung wieder auslösen könnte und das konnte er. „Das macht dich also glücklich?“, schien sein Blick zu sagen. So gingen wir wenige Schritte auf der Weide. Zum Schluss gab ich ihm ein paar Wiesenkräuter, die er freudig vertilgte und halfterte ihn ab. Wenn meine Tiere die Leckerlis fressen, sehe ich, dass sie wenig Stress haben. Sonst würden sie sie verweigern.
Wir wiederholten diesen Annäherungsprozess einige Male, bis er in der Weide beim kurzen Zug am Führstrick schon mit mir mitging. Erst dann ging ich mit ihm ein paar Meter außerhalb der Weide, um ihn draußen fressen zu lassen und danach gleich wieder hineinzugehen. Er war anfangs zu aufgeregt, um Gras zu fressen. Er musste alles im Blick behalten, doch den Wiesenkräutern aus meiner Hand oder der Schüssel konnte er nicht widerstehen. Dabei konnte er mich genau im Auge behalten. Dies wäre mit seinem Kopf bei den Gräsern am Boden schwieriger gewesen. „Wer weiß, ob die Frau mich nicht doch plötzlich anspringt,“ muss er sich wohl gedacht haben. Das tat ich keinesfalls, was ihn sichtlich erleichterte. Bei den ersten längeren Wanderungen war er anfangs ebenfalls zu aufgeregt, um Gras zu fressen. Er ist auch auf der Weide, der Wächter, der alles aufmerksam verfolgt. Die Umgebung und vor allem auch den Menschen an seiner Seite im Auge zu behalten, lässt entspanntes Fressen nicht zu. Nach einer Pause ging er aber jedes Mal von selbst wieder los, wenn das Tier vor ihm weitermarschierte. Nach der Hälfte der einstündigen Wanderung gewährte er sich auch kurz eine Fresspause. Den anderen Tieren dabei zuzusehen, machte wohl nicht allzu viel Freude. Allerdings fiel mir auf, dass er die gesamte Führstricklänge Abstand hielt, das waren etwa 1,5 Meter. Ich ließ diesen Abstand zu, Hauptsache er gewöhnte sich jetzt mal ans Gehen. Mittlerweile hält er von selbst weniger Abstand zu Menschen und kommt während der Wanderung den Menschen schon recht nahe, aber ohne sie je zu berühren. Was mich besonders freut, ist, dass er sich auch am Tor anstellt, um zu signalisieren, dass er mitgehen möchte. Marley ist ein total zuverlässiger Wanderpartner geworden. Sein Nervenkostüm wird allerdings immer etwas schreckhaft bleiben. Es ist zwar heute kein Vergleich mehr zu früher, er ist viel entspannter, aber eine schnelle unbedachte Bewegung, und er springt sicherheitshalber einen Meter auf die Seite. Gehe ich auf der Weide zu schnell in seine Nähe, springt er davon, um gleich

darauf wieder stehenzubleiben. Dann kommt er mit seiner Nase ganz nah an mich ran und schaut, ob ich nicht vielleicht doch wohlschmeckende Kräuter bei mir habe. Liegt er im Gehege, kann ich ganz nah an ihm vorbeigehen, solange ich ihn nicht direkt ansteuere. Momentan kann er vor allem mit ruhigen, sensiblen Erwachsenen oder etwas älteren Kindern wandern. Die lieben ihn sehr. Für jüngere Kinder ist er aufgrund seiner Sprungfreudigkeit nicht geeignet.

5. Thema Schur

Lamas, aber besonders Alpakas, wurden u. a. ihrer Wolle wegen gezüchtet. Das heißt, man achtete darauf, dass die Wolle ständig weiterwächst und dass die Tiere keine Haare verlieren. Somit wurde der natürliche Haarwechsel in den letzten Jahrtausenden weggezüchtet. Ein Alpaka, das nicht geschoren wird, erleidet im Sommer einen Hitzestau, der tödlich sein kann. Alpakas und Wooly-Lamas müssen deshalb jedes Jahr geschoren werden, Classic Lamas alle zwei Jahre. Eine Unterlassung der Schur wäre also Vernachlässigung und Tierqual. Jetzt, wo der globale Klimawandel unsere Erde aufheizt und die Sommer spürbar heißer werden, lasse ich alle meine Tiere jährlich scheren. Von meinen fünf Lamas und fünf Alpakas haben zwei Tiere sicherlich einen erhöhten Stresspegel während der Schur. Das bedeutete für sie - bisher alle zwei Jahre - eine halbe Stunde Stress im Jahr, wenn sie vorab keine Beruhigungsmittel bekommen. Meist dauert die Schur pro Tier etwa 15 bis 20 Minuten. Das sind 20 Minuten im Jahr! Wenn Tierschützer nun meinen, dass man die Tiere gar nicht mehr züchten darf, weil dies in ihren Augen Tierqual bedeutet, ist das völlig unverhältnismäßig. Zwanzig Minuten Stress (oder nur leichte Aufregung) in 365 Tagen sind durchaus vertretbar, um ansonsten ein schönes Leben zu genießen. Außerdem sind die Scherer*innen sehr achtsam, um die Tiere nicht zu verletzen. Für Lamas und Alpakas, die kaum Kontakt mit Menschen haben und nicht trainiert werden, wird die Schur sicherlich viel mehr Stress bedeuten, aber auch hier sprechen wir immer noch von einer kurzen Dauer. Trainieren kann ich die Tiere, indem ich sie an das Summen der Schermaschine gewöhne und ihren ganzen Körper entlangstreiche. Natürlich in kleinen, unterteilten Trainingseinheiten.

6. Thema Streicheln

Ich bin sehr glücklich, dass viele meiner Lamas und Alpakas sich gelegentlich berühren bzw. streicheln lassen, aber das hat sich einfach so ergeben. Ich habe auch Tiere, die das gar nicht mögen und auch nicht zulassen. Ich respektiere auch das. Sich streicheln zu lassen, ist nicht Teil meines Trainings, das ist die Entscheidung des Tieres. Sich bei Pflegemaßnahmen berühren zu lassen, ist ein anderes Thema. Es gibt genug Menschen, die ein freundliches, aber distanziertes Tier schätzen oder es ist für manche wichtig, diese Erfahrung zu machen. So oder so hat das Tier bei mir auch hier ein Mitspracherecht. Bei einer Wanderung erlebte ich eine Dame, die mir von Anfang an sagte, dass sie nur wegen ihrer Freundin hier sei und dass sie gar keinen Bezug zu Tieren hätte. Ich schlug ihr meine Lamastute Caral vor, die sich nicht streicheln lässt. Caral war genauso über den eingehaltenen Abstand dankbar, wie ihre Wandergefährtin. Die beiden kamen ganz wunderbar zurecht. Nach zwei Stunden meinte die Kundin, dass sie jetzt doch eine Tierart mag, und ganz besonders mag sie Caral. So haben sich zwei gefunden!

Kapitel 7 - Gefahren und Probleme bei den Wanderungen

1. Fahrende Kraftfahrzeuge

Ich möchte hier noch auf ein Problem eingehen, das ich bei Inka hatte. Es handelt sich dabei um ein Thema, welches für viele Halter*innen relevant sein wird. Inka zeigte aufgrund der Autos, Motorräder und Traktoren auf der Straße ein schreckhaftes Verhalten. Tierhalter*innen haben vier Möglichkeiten, damit umzugehen.

Erstens, ich gehe mit dem Tier nicht raus. Inka nicht mitzunehmen, hätte ihr aber Stress verursacht, weil sie bereits angezeigt hatte, dass sie mitgehen wollte. Zweitens, ich gehe nicht auf Straßen, d. h. mein Bewegungsradius ist extrem beschnitten, und mein Tier wird Autos nie entspannt begegnen. Drittens, ich gehe auf stark befahrenen Straßen und trainiere mein Tier vorab. Und viertens, ich versuche stark befahrene Straßen zu vermeiden, aber für die kurzen Wege, wo stark befahrene Straßen unumgänglich sind, trainiere ich mein Tier. Weder Mensch noch Tier genießen Wanderungen auf stark befahrenen Straßen. Die Gefahr ist unnötig groß, daher bevorzuge ich die vierte Option. Coco war bei der ersten Wanderung schreckhaft, das legte sich aber sehr schnell. Bei manchen Tieren geschieht das von selbst. Inka hingegen war unsicher in Bezug auf laute, stinkende Kraftfahrzeuge.

Ich führte sie und Coco gemeinsam aus der Weide heraus und ging mit beiden zur Straße. Drei Meter vor der Straße ließ ich die beiden fressen. Es fuhren Autos vorbei und Inka schaute oft auf, beobachtete und fraß dann weiter.

Als ich das Gefühl hatte, dass der Abstand für sie passte, ging ich etwas näher an die Straße heran. Auch hier hatte sie Zeit, sich an die Autos zu gewöhnen. War sie zu schreckhaft, vergrößerte ich den Abstand zur Straße wieder.

Ich wollte sie ja nicht unter Dauerstress setzen, sondern sie langsam an die Autos gewöhnen. Ich machte das an mehreren Tagen, sodass sie bald am Straßenrand fraßen, ohne viel auf die vorbeifahrenden Kraftfahrzeuge zu achten.

Als ich mit Inka die Straße entlang ging, wurde sie wieder nervöser. Unter „Warum sind meine Tiere so motiviert bei der Arbeit?“ habe ich von der Selbstbestimmungstheorie von Deci/Ryan geschrieben. Hier kommt jetzt der dritte Punkt, das Bedürfnis nach Selbstbestimmung („ich kann mitentscheiden“) zum

Einsatz. Es ist natürlich etwas anderes, von einem sicheren Standpunkt aus, die Autos wahrzunehmen, als direkt neben der Straße zu gehen und sie von hinten auf uns zufahren zu hören. Inka will stehen bleiben und den Kopf dem Geräusch zuwenden. Wenn ich sie jetzt mit Druck zum Weitergehen zwinge (oder es zumindest versuche), bekommt sie doppelten Stress: Jetzt ist nicht nur das Fahrzeug ein Stressauslöser, jetzt bin auch ich es. Also lasse ich es zu.
So gehe ich auf Inkas Wünsche ein, sich die Gefahr genau anzuschauen. Das Auto fährt vorbei, sie macht einen winzigen Sprung und geht dann gleich weiter. Ich lasse meine Tiere immer am Straßenbankett gehen und die Menschen am Straßenrand. Wäre es umgekehrt, wäre Inka jetzt auf mich gesprungen. So landet sie auf dem Grünstreifen, weg von Mensch und Auto. In den folgenden Trainingseinheiten bleibt Inka immer wieder stehen, schaut auf die Fahrzeuge und geht dann wieder weiter. Bald bleibt sie nur mehr bei sehr schnell fahrenden Autos stehen. Bei den Wanderungen im Wald beobachte ich ähnliches Verhalten. Wie bereits mehrfach erwähnt, haben Lamas und Alpakas ein wesentlich besseres Hörvermögen als wir. Wenn die Tiere während der Wanderung stehen bleiben und sich alle Gesichter und Ohren in eine Richtung bewegen, dann macht es keinen Sinn, die Tiere zum Weitergehen zu zwingen. Häufig kommen nach einiger Zeit Rehe in unseren Sichtbereich oder wir sehen einen Menschen mit seinem Hund spazieren gehen, oder ein/e Radfahrer*in plagt sich den Berg hinauf. An die Rehe im Wald haben sie sich schnell gewöhnt. Auch die Rehe kennen uns und laufen meist nicht mehr weg, sondern beobachten unsere Karawane aufmerksam, bevor sie, oftmals mit ihren Jungen, wieder zu äsen beginnen. Es kann vorkommen, dass der Sturm am Vortag einen Baum umgeworfen hat, oder es hängt und flattert ein Stück Müll auf einem Ast. Erlaube ich den Tieren stehen zu bleiben und die Veränderungen im Wald genau zu betrachten, gehen sie beim nächsten Mal bereits daran vorbei, ohne ihnen viel Aufmerksamkeit zu schenken. Meine Lamas und Alpakas sind sehr achtsam. Ihnen entgeht im Wald nichts. Für unsere Gäste ist es eine wertvolle Erfahrung, den Tieren diese Mitbestimmung zu erlauben. Auch die Geduld, die gefordert wird, erlaubt den Menschen, durchzuatmen in einer Welt, in der man ständig funktionieren muss. So nehmen wir uns bei der Wanderung die Zeit, die wir brauchen, und sind achtsamer gegenüber unserer Umgebung, anstatt in Gedanken versunken die Gegenwart zu verpassen. Bei meinen Lama- und Alpakawanderungen ist nicht die Länge der Strecke das Wesentliche, sondern das Miteinander.

4. Begegnungen mit Hunden

Oft bekomme ich die Frage, wie Lamas auf Hunde reagieren. Meine Gegenfrage lautet immer: „Von welchem Lama und welchem Hund sprechen wir?“ Viele Lama- und Alpakahalter*innen haben Hunde, die problemlos auf der Weide mitlaufen. Aber natürlich werden Fleischfresser generell als eine Gefahr für Pflanzenfresser wahrgenommen. In Österreich sind vor allem wildernde oder nicht abrufbare Hunde eine Gefahr für unsere Tiere. Es gibt Lamas, die die Hunde neugierig über den Zaun beobachten, andere, die sofort wegspringen. Einmal konnte ich sogar beobachten, wie die kleine Hündin eines Lama-Züchters, einer liegenden Stute die lockere Wolle im Brustbereich mit den Zähnen herauszog. Es schien der Stute zu gefallen. Sie hätte jederzeit aufspringen können, aber sie blieb ruhig liegen. Manche Lamas mögen es, gebürstet zu werden. Die Handlung der Hündin dürfte eine ähnliche Funktion gehabt haben. Es gibt aber auch Hunde von Lama-Züchtern, die sich nicht mehr den Lamas oder Alpakas nähern, seit sie einen Tritt abbekommen haben. Eine Kollegin von mir veranstaltet Lama- und Alpakawanderungen, bei denen fremde Hunde mitgehen dürfen. Bei meinen Wanderungen erlaube ich das nicht. Manche Besucher fragten mich vorab, ob sie ihre Hirtenhunde mitnehmen dürften. Nein! Erstens müssen Hirtenhunde in der Herde aufwachsen, und zweitens sind meine Tiere sicherlich nicht erfreut, wenn ein Hund versuchen würde, sie zusammenzutreiben. Vor allem, ohne dass sie diesen kennen und ohne zu lernen, was das bedeuten soll. Angeleint ist dieser Hund nicht weniger bedrohlich als ein Hund, der nicht zu den Hirtenhunden zählt. Meine Tiere sind nervös, wenn ein fremder Hund ihnen ständig nachgeht. Einige meiner Tiere haben generell Angst vor Hunden. Leider kommen manchmal Hundehalter*innen vorbei, die meinen, dass ihr Hund jetzt an meinen Tieren schnuppern sollte, während meine Tiere mit den Gästen wandern. Für uns stellen diese Menschen eine Gefahr da. Einmal ließ jemand seinen Hund zu meinem kleinsten und zartesten Alpaka hingehen. Das Alpaka erschreckte sich, sprang weg und ein achtjähriges Kind wurde mitgerissen und weinte. Ein anderes Mal lief ein Hund im Wald bellend auf die Mensch-Tier-Teams zu. Ich konnte ihn festhalten, den völlig ignoranten Besitzern übergeben (sie hatten nicht einmal versucht ihn zurückzurufen, wohlwissend, dass er ihnen nicht folgen würde) und sie nahmen ihn wieder an die Leine. Bevor jedoch das letzte Lama an ihnen vorbeigegangen war, ließen sie ihren Hund wieder los, sodass ein Lama vom Waldweg wegsprang und meinen damals elfjährigen Sohn mitzerrte. Ich instruiere die Teilnehmer*innen vorab, dass sie im Notfall den Führstrick loslassen sollen, aber in einer Schrecksekunde reagiert jeder intuitiv. Glücklicherweise sind derart verantwortungslose Hundehalter*innen bei uns eine Seltenheit.

5. Fressen während der Wanderung

Manchmal möchten einzelne Tiere die Fresspause ausweiten. Sie akzeptieren in dem Moment nicht, dass die ganze Gruppe weitergehen möchte und bleiben felsenfest stehen. Hier verkürze ich den Führstrick, sodass sie nicht mehr fressen können. Wenn sie nicht mitgehen, ziehe ich sanft am Führstrick. Gehen sie immer noch nicht mit, erhöhe ich langsam, aber stetig den Druck und lasse los, sobald der erste Schritt getätigt wird. Die Tiere werden rasch den lockeren Führstrick bevorzugen und werden wieder locker neben uns hergehen. Gelegentlich reagieren manche Tiere trotz des bestimmten Zuges am Führstrick nicht. Sie halten einfach kräftig dagegen. Dann lasse ich den Führstrick wieder locker, aber halte ihn so, dass sie nicht mehr fressen können. Sie probieren immer wieder das Gras zu erreichen, aber ich lasse es nicht zu. Vom Stehenbleiben haben sie jetzt keinen Nutzen mehr, daher gehen meine Tiere nach kürzester Zeit wieder weiter und akzeptieren meine Regel, dass die Fresspause nun doch vorbei ist. Außerdem kann es hilfreich sein, die anderen Teilnehmer*innen mit ihren Tieren weitergehen zu lassen. Das Tier will den Anschluss in der Gruppe nicht verlieren und setzt sich dann wieder in Bewegung.

6. Giftpflanzen

Viele Menschen glauben, dass Tiere alle Giftpflanzen erkennen. Wäre dies so, hätten sie einen übernatürlichen Sinn und Giftpflanzen wären obsolet. Tiere kennen gewöhnlich die Giftpflanzen in dem Lebensraum, in dem sie entstanden sind. Jene Tiere, die sie gefressen haben, starben und konnten sich daher nicht fortpflanzen. Lamas und Alpakas kommen aus Südamerika. In Europa wachsen andere Pflanzen, außerdem haben wir bereits Neophyten aus der ganzen Welt hier. Manche Pflanzen sind so giftig, dass die Tiere keine Lernerfahrung haben, sondern daran verenden. Auf der Website www.clinitox.ch sind toxische Pflanzen gelistet. Auf unserer Wanderung überqueren wir Wiesen mit vielen Herbstzeitlosen, diese wachsen mehrere Monate im Jahr und sind hochgiftig.

An diesen Stellen gibt es das ganze Jahr über keine Fresspause. So sind meine Tiere gewöhnt hier nicht zu fressen. Meinen Gästen erkläre ich das vorab und sobald wir in die Nähe kommen, erinnere ich sie daran.

7. Hinlegen während der Wanderung

Manchmal kommt es auch vor, dass ein Tier sich während der Wanderung hinlegt. Hier muss man die Gründe dafür hinterfragen. Meine Tiere legen sich hin, wenn die Menschen zu viel Druck machen und ständig am Führstrick ziehen. Bevor sie sich hinlegen, weigern sie sich weiterzugehen. Das passiert selten, weil ich die Warnzeichen schon vorher sehe und dem Menschen helfe bzw. Ratschläge gebe. Liegt das Tier, gehe ich hin, der Mensch lässt den Führstrick locker hängen und wir warten etwas. Ich möchte dem Tier zeigen, dass ich nicht sofort Druck mache, sondern erstmals auf seinen Protest eingehe. Danach ziehe ich leicht an, und meistens springt das Tier gleich auf und geht weiter. Ich gehe eine Zeitlang mit und schaue, dass die Körpersprache des Tieres Beachtung findet. Glücklicherweise zeigen die Tiere sehr schnell an, wenn der Druck zu groß ist. Sie sind scheinbar genauso wenig leidensfähig wie ihre Besitzerin. Manchmal legen sie sich auch hin, wenn sie auf die anderen zu lange warten müssen. Sobald die Herde beisammen ist, stehen sie dann wieder auf und gehen weiter. Es kann ihnen auch zu heiß sein oder die Wanderung ist ihnen zu anstrengend. Auch die Länge der Wanderung muss natürlich vorab trainiert werden.

8. Die richtige Reihenfolge in der Karawane

Ein weiterer Aspekt, dem man Beachtung schenken sollte, ist die Reihenfolge beim Wandern. Gewöhnlich gehen die rangniedrigsten Tiere nicht gerne an erster Stelle. Ich bitte die Leute, die Reihenfolge einzuhalten, aber das funktioniert nicht immer. Wenn das erste Mensch-Tier-Team öfter stehen bleibt, will manchmal der Mensch, der ihnen folgt, mit seinem Tier überholen. Da sein Tier so brav dem Ersten folgt, denkt er, dieses Tier könne auch anführen. Allerdings ist sein Tier anderer Ansicht. Sie schaffen es meist nur bis auf Höhe des ersten Mensch-Tier-Teams, dann bleibt sein Tier auch stehen. Insofern sollte man darauf achten, dass sichere Tiere vorne gehen. Es ist auch gut, zwei

rivalisierende Tiere nicht direkt hintereinander gehen zu lassen, das kann das vordere Tier nervös machen. Manche meiner Tiere wollen unbedingt hinter einem bestimmten Tier gehen, andere werden unruhig, wenn sie ganz hinten gehen müssen, während wiederum andere am liebsten das langsame Schlusslicht bilden. Hier macht es Sinn, auf die Tiere einzugehen, anstatt eine bestimmte Reihenfolge einzufordern, die die Tiere in Unruhe versetzt.

9. Stress bei Mensch und Tier

Die meisten Menschen, die zu uns wandern kommen, sowie die Teilnehmer*innen der Ausbildungen sind empathisch, tierlieb und können auf die Tiere eingehen. Ich möchte aber auf die zwei Extreme eingehen, die immer wieder einmal vorkommen. Ich muss das hier zur Klarheit etwas plakativ darstellen. Selbstverständlich sind die meisten Menschen zwischen diesen Extremen zu finden.

Menschentyp 1:
Es gibt einen Menschentyp, der überzeugt ist, die Tiere dürften gar nichts erleben, das sie stresst. Die Tiere dürfen alles machen, was sie wollen und auf Basis dieser Annahme wird geglaubt, dass es ihnen nur dann gutgeht. Diese Wünsche sind unrealistisch. Wir wissen, dass das Leben seine Höhen und Tiefen hat, dass es angenehme und unangenehme Zeiten gibt. Meiner Meinung nach ist

es wichtig, mit beidem zurechtzukommen. Unsere Tiere können ebenso wie wir an Herausforderungen wachsen und müssen sie nicht ständig meiden. Außerdem haben Lamas und Alpakas klare Rangordnungen innerhalb der Herde. Jedes Tier wird immer wieder durch andere Mitglieder herausgefordert. Auch die eigenen Artgenossen verursachen also Stress. Nimmt man das Tier aus der Herde heraus, um dies zu vermeiden, hat es ebenfalls Stress, da es jetzt als Fluchttier auf sich allein gestellt ist. In Österreich, Deutschland und der Schweiz müssen Lamas und Alpakas in Gruppen gehalten werden. Mit Gefahren innerhalb und außerhalb der Weide kann man in der Herde besser umgehen als allein. Ein stressfreies Leben per se gibt es nicht. Die Tiere leben im Moment. Wenn sie etwas erschreckt, sind sie sofort in Alarmbereitschaft. Wenn sie sehen, dass alles in Ordnung ist, sind sie wieder entspannter, auch wenn der Stress vielleicht noch im Blut messbar ist und der hormonelle Abbau einige Zeit benötigt. Besucher*innen mit der oben beschriebenen Einstellung überfordern meine Tiere. Es kommen kaum klare Signale von ihnen. Das einzig klare Signal ist Unsicherheit, denn dieser Mensch ist nicht bei sich, sondern versucht herauszufinden, was das ihm unbekannte Tier möchte. Das Tier wiederum wartet auf Anweisungen vom Menschen. Soll es gehen, stehen bleiben, kann es hier fressen oder nicht? Letzteres ist nicht unwesentlich aufgrund der Giftpflanzen, die die Tiere auf keinen Fall fressen dürfen. Ein unsicherer Mensch am anderen Ende des Führstricks ist für ein Fluchttier sehr irritierend und macht ihm Angst. Ich kenne die Problematik selbst, weil es mich an die ersten Monate mit meinen Tieren erinnert. Auch für mich war dies anfangs eine große Herausforderung. Ich beobachtete meine Tiere genau, ich konnte mich in die Tiere einfühlen, sah ihre Unsicherheiten und Ängste und spürte sie dann selbst. Da ich aber das Gefühl der Angst im selben Moment fühlte, sah das Tier diese Ängste auch in mir, weil es auf meine Körpersprache achtete. So verstärkten sich diese Gefühle beim Tier. Schnell wurde mir bewusst, dass ich am besten über die Körpersprache mit meinen Tieren sprechen kann, und daher war es wichtig, Ruhe und Souveränität auszustrahlen, wenn ich ihnen einen sicheren Rahmen bieten wollte.

Menschentyp 2:
Dann gibt es den zweiten extremen Menschentyp, der wiederum meint, dass Tiere nur gehorchen und folgen müssen. Sie nehmen es sehr persönlich, wenn das Tier die Mitarbeit verweigert, und erhöhen dann den Druck auf das Tier. Hier ist es meist ein Kampf des Egos, denn auf das Tier wird gar nicht einge-

gangen. Es geht nur darum, nicht das Gesicht zu verlieren. Ich sehe da keine Freude bei diesem Umgang, weder beim Menschen noch beim Tier. Das heißt, dieser Menschentyp weiß nicht, warum das Tier anders reagiert als gewünscht. Er geht davon aus, dass das Tier einfach nicht will. Es kommt ihm aber auch nicht in den Sinn, das Problem zu hinterfragen. Gerade Menschen, die eine andere Tierart besitzen und dort mit sehr viel Druck arbeiten, tun sich bei meinen Wanderungen mit den Eigenheiten meiner Lamas schwer.
„Darf ich hierzu etwas sagen?“, fragt Salvatore, mein schöner weißer Lamawallach. „Natürlich! Leg los“, antworte ich. „Oft sagen die Menschen neben uns, dass wir sie testen möchten“ antwortet Salvatore. “Das verstehen wir nicht. Es geht nicht um Konkurrenzdenken und Kampf! Wir sind auch nicht eure Untergebenen. Im Gegenzug glauben wir auch nicht, dass wir besser sind als ihr, auch wenn manche unser majestätisches Auftreten mit Arroganz verwechseln. Und was wir in diesem Moment sehen, ist ein sehr verspannter Mensch. Draußen lauern immer Gefahren und ihr seid in diesem Moment nicht vertrauenswürdig. Wenn die ersten 15 Minuten schon ein Kampf zwischen uns sind, wie sollen wir da entspannt miteinander wandern? Da bleiben wir lieber stehen und gehen nicht weiter.“
Meine Tiere sind sehr gemütlich. Bergauf bleiben sie immer wieder mal stehen, schauen sich um und gehen dann weiter. Das braucht man gar nicht persönlich zu nehmen. So sind sie einfach. Sie haben es nicht eilig im Leben. Sie wissen nichts von der Effizienz und Hektik der Menschenwelt. Wer Geduld mit seinen Tieren zeigt, wird bald belohnt werden. Aber das Um und Auf in einer schönen Mensch-Tier-Beziehung ist meiner Meinung nach Respekt. Für mich ist das die Voraussetzung für eine gute Bindung. Ich respektiere das Tier, will aber auch, dass es mich respektiert. Ich möchte nicht quer über eine Fläche gezogen werden, weil das Gras fünf Meter weiter besser aussieht. Ich bin aber durchaus gewillt, an der losen Leine mit ihm ein paar Schritte weiterzugehen, wenn dort das Gras saftiger ist.

Es ist also wichtig, dass sowohl Mensch als auch Tier

- sich gegenseitig auf Augenhöhe begegnen,
- die Grenzen des jeweils anderen wahren und
- dass wir Freude aneinander haben.

Kapitel 8 - Die Freuden der tiergestützten Arbeit

Zum Schluss möchte ich daher einige Beispiele aus meiner Tätigkeit als Lama Lady erzählen, die mich sehr berührt haben. Die Namen wurden geändert.

Die zarte siebenjährige Sophie ist am Anfang der Wanderung unsicher. Sie sagt mir, dass sie lieber mit einem Hund als einem Alpaka gehen wolle, denn der wäre kleiner. Am Ende der Wanderung schaut sie mich mit ihren großen braunen Augen an und fragt: „Weiß er denn, wie lieb ich ihn habe?"

Der fünfjährige Florian und Lama Sir Henry finden anfangs kein Auskommen. Der Junge zerrt ständig am Führstrick, damit das Tier schneller geht. Sir Henry bleibt stehen. Je mehr Florian zieht, umso standhafter bleibt Sir Henry. Dabei beobachtet er den Jungen aus dem Augenwinkel.
Ich gehe zu Florian und sage ihm, dass Henry das ständige Ziehen am Führstrick nicht mag. Das ist unangenehm, denn der Führstrick hängt am Halfter und dadurch bekommt er ständig einen Zug aufs Gesicht. Das Lama muss auch nicht alle unsere Befehle ausführen. Er solle Henry als Freund sehen, mit dem er jetzt gemeinsam wandert. Manchmal mag ein Freund eben kurz stehen bleiben. Außerdem verrate ich Florian, dass Henry lieber gemütlich geht. Er hat es ja auch nicht eilig. Das löst bei Florian und dadurch auch bei Henry eine Verwandlung aus: Henry geht plötzlich ganz entspannt mit. „Siehst du", sagt Florian nach 20 Minuten, "ich kenne mich mit Lamas aus".

Die pubertierende Andrea will nach fünf Minuten ihrer Mutter das Lama übergeben, weil „der ist so schwierig". Lama Ferdinand bleibt immer wieder stehen. Ich schlage ihr vor, nicht gleich aufzugeben und gebe ihr Tipps, innerlich die Einstellung zu ändern und auf das Tier einzugehen. Sonst fühlt sich das Tier nicht wohl. Nach kurzer Zeit erlebt sie den Erfolg. Lama Ferdinand blüht auf und genießt in den Pausen sehr ihre Streicheleinheiten. Andrea weigert sich daraufhin standhaft ihr Tier, wie vor der Wanderung vereinbart, mit ihrer Mutter zu teilen. Die Mutter ist sichtlich gerührt und begleitet uns ohne Tier.

Eine Zeitlang habe ich auch Wanderungen für Kindergärten angeboten. Während einer Wanderung gehe ich neben einem kleinen Buben, der mir ununterbrochen Verschiedenes erzählt. Als ich mich umdrehe, sehe ich den erstaunten Blick der Pädagogin. Sie erzählt mir später in einer Pause, dass dieses Kind gewöhnlich keine zwei Worte am Tag redet.

Wenn Schulklassen kommen, werden die Kinder in Gruppen eingeteilt und jeder Gruppe wird ein Tier zugeordnet. Hier gehen meine sechs entspanntesten Tiere mit. Um die Wanderung sicher und entspannt zu machen, müssen die Kinder bei diesem Tier bleiben und sich gegenseitig helfen. Wer nicht führen möchte, muss natürlich nicht, soll aber bei der Gruppe bleiben. Hier bildet sich meist ein gutes Team. Startet eine Schulklasse eine Wanderung, ist es anfangs laut und unruhig. Während bis zu vier Kinder mit einem Tier wandern und aufgeregt miteinander reden, gehen meine Lamas und Alpakas ganz ruhig und entspannt mit. Nach kurzer Zeit geht diese Ruhe auch auf die Kinder über. Ich genieße es, wenn Schulklassen kommen. Es ist zwar wesentlich mehr Arbeit, auf alles zu achten, weil die Gruppe so groß ist, aber es gehen auch viele Kinder mit, die sonst nie Ausflüge in die Natur machen. Ich bin froh, ihnen das anbieten zu können. Das Leuchten in ihren Augen ist sehr berührend.

Besonders schmunzeln musste ich bei Männern, die mich am Anfang einer Firmenwanderung mit Lamas und Alpakas fragten, warum man um Himmels willen mit einem Lama spazieren gehen sollte. Ich antworte meist, dass sie das jetzt selbst herausfinden können. Übernehmen diese ein Tier, geben sie es meist nicht mehr her und machen die meisten Fotos von und mit ihrem Tier. Firmenwanderungen sind für mich schöne und lustige Erfahrungen, weil meist sehr viel gelacht wird. Die ganze Gruppe kennt sich und es wird erzählt, warum genau dieses Tier so gut zu einem passt („er isst genauso gerne wie ich", „ich gehe auch gerne flotter", „das verstehe ich, bei Druck reagiere ich genauso", „ich mag es auch nicht, wenn mir wer zu nahekommt"). Außerdem nehmen sich die Kolleg*innen aufgrund der Eigenschaften des Tieres gegenseitig humorvoll auf die Schaufel („ihr zwei passt gut zusammen, weil…"). Es ist schön zu beobachten, mit welcher Leichtigkeit die Menschen sich begegnen.

Wenn Alt und Jung bereits nach zehn Minuten eine Einheit mit meinem Tier bilden, als würden sie sich schon ewig kennen, freut mich das sehr! Es ist aber genauso schön, wenn Menschen erst etwas später mit den Tieren zusammenfinden. Denn dann erfahren sie, wie sie selbst auf das Tier positiv einwirken können.

Ich treffe immer wieder ehemalige Besucher*innen, die mir erzählen, dass sie noch jahrelang bei Treffen mit Freunden von der gemeinsamen Wanderung mit meinen Tieren sprechen. Kinder schlafen mit meiner Postkarte, auf der alle Tiere abgebildet sind, ein. Wir hören von Kindern bei der Verabschiedung häufig, dass dies der schönste Kindergeburtstag oder der schönste Ausflug war, den sie je erlebt haben. Das freut mich sehr, denn die Kinder können hier zeigen, dass sie es ganz allein schaffen, ein so großes Tier zu führen. Das stärkt das Selbstbewusstsein und die Selbstbestimmtheit. Genauso kann es anfangs für manche Kinder frustrierend sein, wenn das Tier nicht gleich so reagiert, wie sie sich das vorstellen. Sie lernen, mit Frust umzugehen und haben danach ein ganz klares Erfolgserlebnis.

Einige Jahre lang arbeitete eine Ergotherapeutin mit meinen Tieren auf der Weide. Dabei gab es viele schöne Momente. Besonders in Erinnerung ist mir ein Junge, der mit frühkindlichem Autismus diagnostiziert wurde. Sascha konnte nicht sprechen, aber er konnte verschiedene Laute von sich geben. Als er das erste Mal auf der Weide war, lief er schnell zwischen den Tieren herum, scheinbar ohne sie wahrzunehmen und auch ohne Kontakt aufzunehmen. Ich hatte damit nicht gerechnet und war ziemlich besorgt, dass die Tiere vielleicht vor Schreck austraten. Es ist nicht häufig, dass ich Menschen auf die Weide lasse. Gewöhnlich fand das Meiste außerhalb der Weide statt, und so war dies hier ihr sicherer Hafen. Zu meiner Überraschung waren meine Tiere vom unkoordiniert umherlaufenden Jungen nicht in Aufregung versetzt worden. Sie beobachteten ihn zwar, aber zeigten keinerlei Unruhe.
Weil der Junge Sinnesreize vermehrt wahrnahm, war er schnell überreizt. Umgeben von meinen ruhigen und entspannten Lamas und Alpakas, war dies für ihn der ideale Ort. Sein Radius auf der Weide verkleinerte sich innerhalb weniger Stunden, so dass er viel ruhiger um die Tiere herum ging, sich leichter und ruhiger zu den Tieren führen ließ, häufig auch von selbst die Hand zum Streicheln öffnete und bei Pausen nur noch einen kleinen Radius zum Bewegen benötigte. Die Mutter berichtete zudem, dass Sascha vermehrt den Körperkon-

takt zu ihr oder anderen Vertrauenspersonen zu suchen begann. Schon nach ein paar Stunden nahm er den ihm gereichten Führstrick und führte „sein" Lama Salvatore allein. Der Junge erfuhr hier seine Selbstwirksamkeit und begann vor Freude zu jauchzen. Einmal lagen Salvatore und Lama Sir Henry seitlich ausgestreckt am Boden, als Sascha auf die Weide kam. Die Therapeutin und Sascha knieten neben Salvatore. Ich hätte erwartet, dass Sir Henry aufstehen und weggehen würde, aber er hob nur den Kopf, sah sich das Geschehen kurz an und legte ihn wieder ab. Plötzlich griff der Junge schnell zu Salvatores Ohren und drückte zu. Wie bereits vorher erwähnt, lassen sich die Tiere am Kopf nicht gerne anfassen. Doch Salvatore blieb ruhig liegen und die Therapeutin konnte seine Hand leicht wegführen. Ich kam aus dem Staunen nicht mehr heraus. Die Tiere scheinen genau zu unterscheiden, ob jemand ihnen absichtlich weh tut oder nicht. Ich glaube, dass die Aufmerksamkeit und Energie des Jungen mit Autismus viel ungerichteter sind als von jemandem, der sich eine bewusste Handlung überlegt und ausführt. Manche Tiere scheinen tatsächlich zwischen diesen Arten der Interaktion unterscheiden zu können.

Zum Abschluss noch zwei kurze Geschichten von Sascha und Lama Salvatore. Sobald Sascha auf die Weide kam, stand Salvatore schon am Tor bereit. Wissend, dass er jetzt wieder mit dem Jungen rausgehen darf. Selbst als Salvatore einmal lahmte, war er voll motiviert. Wir konnten ihn nicht mitnehmen, so musste Sascha mit Lama Ferdinand gehen. Ich musste Salvatore vom Tor wegführen, damit wir Ferdinand hinausführen konnten, denn er blockierte ihm den Weg. Weder Salvatore noch Sascha waren darüber glücklich. So war der Ausflug nur von kurzer Dauer. Nach einigen Jahren wendete sich aber das Blatt und Sascha entschied sich eines Tages nicht für Salvatore, sondern wollte mit dem damaligen Lama-Chef Sir Henry gehen. Henry ließ sich nicht streicheln, war aber sehr souverän und freundlich, sodass wir diese Entscheidung unterstützen konnten. Während der Junge mit Sir Henry die Straße entlang ging, lief Salvatore auf der Weide auf selber Höhe den Zaun entlang, sah auf die beiden und wimmerte. Das hatte ich vorher noch nie beobachtet. Ich möchte hier behaupten, dass er tatsächlich unglücklich war. Dieses Verhalten zeigte er nur dieses eine Mal. Das Wimmern selbst hörte ich bei Salvatore einige Male, als er sehr krank war und es ihm nicht gut ging.

Einer meiner persönlichen Wohlfühlorte ist auf der Weide bei meinen Tieren. Ganz besonders genieße ich auch die Zeit, die ich allein mit ihnen verbringen darf. Zu sehen, wie sich meine Tiere mit der Zeit entwickeln, berührt mein Herz. Genauso schlägt das Pendel in die andere Richtung aus, wenn ein Tier erkrankt oder wenn ich ein Tier verabschieden muss. Der Schmerz ist fürchterlich, dennoch möchte ich ihm nicht entfliehen. Die gemeinsam verbrachte Zeit und die erlebten Momente waren all dies wert. Für mich sind tiergestützte Aktivitäten eine sehr bereichernde, erfüllende Arbeit. Man teilt die Freude an seinen Tieren mit anderen Menschen. Es berührt mich sehr, wenn Menschen sich im Anschluss bedanken, dass ich ihnen dies ermöglicht habe. Es steckt viel Hingabe, Zeit, Arbeit und Geld hinter solchen tiergestützten Angeboten.

Ich hoffe, ich konnte dir mit diesem Ratgeber zeigen, wie wichtig und schön achtsames Training ist und wie sehr man dafür von seinen Tieren belohnt wird. Vielleicht hattest du beim Lesen einige Aha-Erlebnisse und konntest ein paar Missverständnisse aufklären, ganz gleich um welche Tierart es sich handelt.
Ich wünsche dir viel Freude und Erfolg beim Aufbau oder der Vertiefung deiner vertrauensbasierten Beziehung zu deinen Schützlingen. Sollte es einmal schwierig werden, vergiss nicht, es geht uns allen so. Verzage nicht und bleibe deinem Herzen treu!

Mag. Astrid Herler wurde 1974 geboren. Nachdem sie mehrere Jahre als Internationale Tourismus- und Managementassistentin in der Tourismusbranche gearbeitet hatte, studierte sie Biologie mit Schwerpunkt Zoologie und Verhaltensforschung an der Universität Wien. Anschließend absolvierte sie eine Ausbildung zur diplomierten Fachkraft für tiergestützte Interventionen und Fördermaßnahmen.
Seit 2014 ist Astrid Herler als „Lama Lady“ bekannt und bietet Menschen jeden Alters Freizeitaktivitäten mit ihren Lamas und Alpakas an. Zusätzlich leitet sie Kurse zum richtigen Umgang, zur Haltung und Pflege von Lamas und Alpakas im Rahmen tiergestützter Interventionen, Aktivitäten und Freizeitgestaltung. Seit 2004 ist sie Reiki-Lehrerin. Die Autorin lebt zusammen mit ihrem Ehemann und ihrem Sohn in einem ökologischen, begrünten Haus mit Strohdämmung in Maria Anzbach, Niederösterreich.

Weitere Publikationen:

- Herler A., Stoeger AS. 2012. „Vocalizations and associated behavior of Asian elephant (Elephas maximus) calves.“ Behavior. 149, 575-599.
- Zwei Kurzgeschichten im Buch “Über Lamas und Alpakas Band 3 – Geschichten und Wissenswertes” von Martina Wiede und Melanie Nickolmann - ISBN 978-3-938109-47-2

Quellenverzeichnis:

1: Rybczynski, N., Gosse, J., Richard Harington, C. et al., Mid-Pliocene warm-period deposits in the High Arctic yield insight into camel evolution, Nature Communications (2013) 4:Article number: 1550

2: Stanley Coren, PhD, bei 117th Annual Convention of American Psychological Association, Dogs‘ Intelligence On Par With Two-year-old Human, Canine Researcher Says., ScienceDaily (2009) August 10

3: Foote AL, Crystal JD, Metacognition in the rat, Current Biology (2007) 17(6):551–555

4: Haun DBM, Nawroth C, Call J, Great Apes‘ Risk-Taking Strategies in a Decicion Making Task, Public Library of Science One (2011) 6(12):e28801

5: Cornell Heather N., Marzluff John M. and Pecoraro Shannon, Social learning spreads knowledge about dangerous humans among American crows, Proc. R. Soc. B. (2012) 279:499–508

6: Vollmer, P. J., Do mischievous dogs reveal their “guilt“?, Veterinary medicine, small animal clinician: VM, SAC (1977) 72(6):1002-1005

7: Horowitz, A., Disambiguating the “guilty look”: Salient prompts to a familiar dog behaviour, Behavioural processes (2009) 81(3):447-452

8: Hecht, J., Miklósi, Á., & Gácsi, M., Behavioral assessment and owner perceptions of behaviors associated with guilt in dogs, Applied Animal Behaviour Science (2012) 139 (1):134-142

9: Ostojic, L., Tkalcic, M., & Clayton, N., Are owners‘ reports of their dogs’ ‘guilty look’ influenced by the dogs’ action and evidence of the misdeed?, Behavioural Processes (2015) 111:97-100

10: Micheletta, J., Whitehouse, J., Parr, L. A., & Waller, B. M., Facial expression recognition in crested macaques (Macaca nigra), Animal Cognition (2015) 18:985-990

11: Albuquerque, N., Guo, K., Wilkinson, A., Savalli, C., Otta, E., & Mills, D., Dogs recognize dog and human emotions, Biology letters (2016)

12: Tate, A. J., Fischer, H., Leigh, A. E., & Kendrick, K. M., Behavioural and neurophysiological evidence for face identity and face emotion processing in animals , Philosophical Transactions of the Royal Society B: Biological Sciences (2006) 361(1476):2155-2172

13: Nawroth, C., Albuquerque, N., Savalli, C., Single, M. S., & McElligott, A. G. , Goats prefer positive human emotional facial expressions, Royal Society Open Science (2018) 5(8):180491

14: Trösch, M., Cuzol, F., Parias, C., Calandreau, L., Nowak, R., & Lansade, L., Horses categorize human emotions cross-modally based on facial expression and non-verbal vocalizations, Animals (2019) 9(11):862.

15: Studyflix, Emotionen, https://studyflix.de/biologie/emotionen-3606, 14.02.2024

16: Jungmann, T., Bindung, https://www.socialnet.de/lexikon/Bindung (2019) 30.9.

17: Deci, E.L., & Ryan, R. M., Die Selbstbestimmungstheorie der Motivation und ihre Bedeutung für die Pädagogik, Zeitschrift für Pädagogik (1993) 39(2):223-238

18: Waller, L., Neuroscience and leadership development – what can we learn?, TLE-Neuroscience-Report (2014) May, 7:www.crforum.co.uk

Bildnachweis:

Cover	Alpaka Pato und Autorin © Jürgen Herler
Seite 4+5:	Lamas in der Landschaft © Michael Maritsch - Midjourney
Seite 8:	Alpakas Marley und Pato © Astrid Herler
Seite 12:	Die Autorin © Silke Bernhardt
Seite 13:	Die Autorin © Astrid Herler
Seite 14:	Frau in der Landschaft © Michael Maritsch - Midjourney
Seite 15:	Unser Naturhaus © Jürgen Herler
Seite 17:	Lama Sir Henry © Astrid Herler
Seite 18 + 19:	Alpaka Pato © Silke Bernhardt
Seite 20 + 21:	Weide Lama Lady © Silke Bernhardt
Seite 25:	Lamastute Caral droht © Astrid Herler
Seite 26:	Alpaka Marley, Lama Salvatore, 2 Kund*innen © Barbara Bruckbauer
Seite 28:	Lamastute Coco und Jürgen Herler © Barbara Bruckbauer
Seite 30 + 31:	Weide Lama Lady © Silke Bernhardt
Seite 37:	Alpaka Aron, Diego und Astrid Herler © Die Ida
Seite 40+41:	Mädchen mit Lama Caral © Raimo Rudi Rumpler
Seite 43:	Hund Darwin © Michael Maritsch
Seite 46:	Alpaka Pato © Raimo Rudi Rumpler
Seite 48:	Autorin mit Kea © Astrid Herler
Seite 49:	Asiatische Elefantenjungtiere beim Spielen, Zoo Emmen © Astrid Herler
Seite 63:	Autorin mit Lama Salvatore © Silke Bernhardt
Seite 68+69:	Autorin mit Lama Salvatore © Astrid Herler
Seite 71:	Autorin mit Lama Salvatore im Trainingsbereich © Simone Hennerbichler
Seite 77:	Lamastuten Inka und Coco © Astrid Herler
Seite 78 - 82+83:	Weide Lama Lady © Astrid Herler
Seite 86:	Lamastute Caral © Barbara Bruckbauer:
Seite 90:	Lamastute Caral © Barbara Pattiss-Klingen
Seite 94:	Wooly Lama Rossini © Astrid Herler
Seite 98+99:	Mädchen mit Lama Sir Henry © Raimo Rudi Rumpler
Seite 105:	Lama- und Alpakawanderung © Barbara Bruckbauer
Seite 108+109:	Picknick auf der Lamaweide © Astrid Herler
Seite 114:	Lama Rossini © Astrid Herler
Seite 115:	Autorin © Silke Bernhardt

Danksagung:

An erster Stelle möchte ich mich bei Andrea Wiesner von der Akademie Tiergestützt - www.akademie-tiergestuetzt.com - bedanken. Durch ihre Ausbildung wurde ich bestens auf meine Arbeit mit den Tieren vorbereitet. Andrea ist eine unerschöpfliche Quelle an Wissen, Ideen, Empathie und Feingefühl. In den Zeiten, in denen ich um das Wohlergehen mancher Tiere besorgt war oder diese monatelang mehrmals täglich pflegen musste, war sie mir eine unschätzbare Stütze. Ich bin dankbar, Teil ihrer Ausbildungsreihen zu sein.

Ein großes Dankeschön gilt auch all meinen Tieren, die mir unendlich viel gezeigt und gelehrt haben. Sie schenken mir ihr Vertrauen und ihre Geduld und kooperieren mit großem Eifer. Das schätze ich sehr.

Herzlichen Dank an Christine Sonvilla für ihre wertvollen Anmerkungen und Verbesserungsvorschläge zu meinem Manuskript.

Ein großes Dankeschön geht an Michael Maritsch für die Bildbearbeitungen und die wundervolle Gestaltung dieses Buches.

Vielen Dank auch an meinen Mann Jürgen und meinen Sohn Jonah, die mich in all meinen verrückten Vorhaben unterstützen.

Ein weiteres Dankeschön gebührt meiner Mutter, auf die immer Verlass ist und die mir stets den Rücken freihält!